# 煤矿管理信息系统设计与实现

崔铁军　李莎莎　邵良杉　著

东北大学出版社

·沈　阳·

ⓒ 崔铁军　李莎莎　邵良杉　2022

**图书在版编目（CIP）数据**

煤矿管理信息系统设计与实现 / 崔铁军，李莎莎，
邵良杉著. — 沈阳：东北大学出版社，2022.1
　　ISBN 978-7-5517-2942-0

　　Ⅰ.①煤… Ⅱ.①崔… ②李… ③邵… Ⅲ.①煤矿管
理－管理信息系统－系统设计 Ⅳ.①TD82-39

中国版本图书馆 CIP 数据核字（2022）第 031135 号

## 内容提要

本书系统地介绍了煤矿生产管理系统的设计原则和指导思想。围绕着系统开发和系统设计展开研究，使用系统工程手段，详细地分析了矿业生产过程特点，确定了各生产业务间的关系和联系，得到了各生产业务的需求分析方法、概要设计、详细设计和数据库设计等。本书内容主要包括：开发平台与系统设计、调度管理子系统、物资供应管理子系统、销售管理子系统、生产统计管理子系统、设备管理系统总体设计方案、系统安全、系统实施、软件测试与移交。本书既展示了管理系统设计方法，又联系矿业领域实际解决生产信息管理问题，力争理论与实践并举，展示矿业生产管理设计的重要性。

本书可作为有关院校管理科学与工程、系统工程、计算机科学、安全学科等相关专业研究生及高年级本科生的课程教材，特别适用于矿业类院校及煤矿相关业务的各级科技人员和管理者使用。

出 版 者：东北大学出版社
　　　　　地址：沈阳市和平区文化路三号巷 11 号
　　　　　邮编：110819
　　　　　电话：024－83683655（总编室）　83687331（营销部）
　　　　　传真：024－83687332（总编室）　83680180（营销部）
　　　　　网址：http://www.neupress.com
　　　　　E-mail: neuph@ neupress.com
印 刷 者：沈阳市第二市政建设工程公司印刷厂
发 行 者：东北大学出版社
幅面尺寸：170 mm×240 mm
印　　张：17　　　　　　　　　　　字　　数：314 千字
出版时间：2022 年 6 月第 1 版　　　印刷时间：2022 年 6 月第 1 次印刷
责任编辑：李　佳　　　　　　　　　责任校对：刘　泉
封面设计：潘正一

ISBN 978-7-5517-2942-0　　　　　　　　　　　定　价：54.00 元

# 前　言

　　矿业是国民经济的重要领域之一。当今和未来的矿业领域生产过程与传统的生产过程存在明显差别。传统的以人力、半机械化和半自动化组成的矿业生产模式已无法满足社会对矿业安全高效生产的要求。这种矿业生产模式是最普通、最广泛，也是普遍存在于矿业领域的模式。但这并不适应未来以智能化、信息化、系统化为代表的科技进步和发展。而智能化、信息化、系统化的管理信息系统将大幅提升生产效率，使生产过程实现最优化配置，降低由于生产信息不畅导致的人力、财力和物力损失。

　　矿业生产管理系统的智能化、信息化、系统化虽然存在众多优点，但实现也面临着很多问题。现有的矿业生产相关信息管理系统多是分散的，例如采矿权管理、物质管理、安全管理、灾害管理、客户管理、设备管理、运营管理等。这些系统研究较多，也相应成熟，但却没有具有综合性的矿业生产管理系统。究其原因，是矿业生产管理系统的设计需要从系统角度运用系统工程方法才可实现。矿业生产系统涉及的内容众多，至少包括调度管理子系统、物资供应管理子系统、销售管理子系统、生产统计管理子系统、设备管理子系统、系统安全等方面。而且这些系统不是孤立的，在生产业务流程中相互关联。这种关联有时是显性的，易于分辨；但多数情况下是隐性的，难以判断。因此，必须使用系统工程的方法进行矿业生产管理系统设计，澄清各子系统之间的关系，从而对系统参数、业务流程和数据库等进行设计。最终才能达到提高矿业生产效率、保障生产安全的目的。

　　本书主要围绕矿业生产管理过程展开研究，使用系统工程方法和信息管理方法进行系统设计。本书内容总体上为三部分：一是总体设计思路，二是具体业务流程设计，三是系统安全与实施。总体设计思路包括系统设计原则、设计指导思想、开发平台、系统设计；具体业务流程设计包括调度管理子系统、物资供应管理子系统、销售管理子系统、生产统计管理子系统、设备管理子系统；系统安全与实施包括系统安全设计、系统实施、软件测试与移交等。力争从系统设计理论出发，围绕矿业生产业务流程，特别是煤矿生产业务展开矿业生产管理系统设计，并最终实现系统。

在本书撰写过程中，结合著者以往参加的矿业生产管理系统设计经验，参阅了大量国内外有关图书和资料；同时考虑到本科生和研究生的学习，给出了生产管理系统的业务流、数据流和数据库结构。在此对参考图书和资料的编著者，以及实施系统的相关企业表示感谢，同时感谢辽宁工程技术大学在研发过程中给予的支持！

本书得到国家自然科学基金项目（52004120；71771111）、辽宁省教育厅项目（LJ2020QNL018；LJKOZ2021157）、国家重点研发计划项目（2017YFC1503102）、辽宁工程技术大学学科创新团队项目（LNTU20TD-31）的支持。

由于著者水平有限，加之时间仓促，本书中难免有错误或观点不妥之处，敬请读者与同行批评指正。

著　者

2021 年 11 月

# 目　录

# 第 1 章 概 述

## 1.1 研究目的

　　跨入 21 世纪，科学技术突飞猛进、知识经济日益明显。信息技术的广泛应用使信息成为最重要的生产要素和战略资源，成为推动世界经济发展的引擎。信息化代表着先进生产力的发展方向，构造着 21 世纪人类经济和社会发展的平台，驱动着各行各业进行产业结构调整和资源重新配置，给企业生产、经营产生巨大冲击的同时，也为企业的发展和腾飞带来新的机遇。作为最古老、最传统的煤炭行业毫无例外地要接受这个挑战，为了更好地利用企业的现有资源，取得更大的经济效益，科学、有效地管理企业的人、财、物、产、供、销等各项具体业务工作，必须改变固有的经营管理模式，建立数字化的煤炭企业，这是企业发展的必然趋势。对于煤炭企业来讲，信息化至少有以下几方面的作用。

　　（1）信息技术的应用可以降低决策的不确定性和风险

　　正确的决策必须依靠及时、准确的信息，因此，信息获取的手段和方式就特别重要。信息技术应用于企业的强大功能之一就是改变了传统的沟通方式和手段，极大地提高了信息传播的速度和质量，实现了跨越地域界限同步交换信息，尤其是互联网的迅速普及和发展，沟通的方式更为灵活、快捷、广域和开放。通过建立本企业的计算机信息管理系统，并借助互联网与外部的信息系统相连，企业可以迅速获取国内外市场和技术的发展动态，及时发现新的机遇和潜在的风险，快速做出反应，及时调整生产、经营策略；迅速发现和掌握市场变化情况，掌握原材料价格信息，以减少投资风险。

（2）信息技术的应用可以改变企业的组织结构

在煤炭企业自上而下的金字塔形管理结构中，各层之间信息的传递和交流也是垂直进行的，很少横向联系。这种方式的弊端在于：中间环节过多，容易造成信息通道阻塞和信息失真，失真的信息很容易造成企业管理者决策失误。网络的应用，可以使上下级间的沟通直接进行，也允许横向交流或越级交流，交流的形式极为灵活。这样，原来金字塔形结构中的许多中间层次（环节）将减少或消失，职能部门进行有机结合，对辅助人员需求减少，管理组织机构向扁平型转变，管理的效能大大提高。例如，过去企业决策者需要通过层层组织来了解综合各方面信息，时间是比较长的。信息技术运用于管理后，企业决策者每天甚至每时每刻都能采集到基层的信息、外部市场信息，并借助信息系统对众多信息进行分析、归纳，做出决策。由于减少了中间环节，信息传递的速度明显加快，信息的质量也大大提高，从而减少了决策的失误。

（3）信息技术的应用能促进企业员工知识素质的提高

信息技术的应用对员工的文化素质提出挑战，每个员工都有因新技术应用于岗位而自身素质跟不上而被淘汰的危险，从而面临着重新学习新知识、新技术的压力，这在一定程度上刺激员工不断学习、终身学习，有助于企业提高素质。

 # 1.2　系统设计原则

系统按照以下原则进行设计。

① 系统软件开发应遵循生命周期法与原型法相结合的原则；在条件具备的子系统中可应用速成法进行开发。

② 运用系统工程的理论和结构化设计方法进行系统设计，从系统的整体观点出发，采用自顶向下的设计路线。

③ 坚持实用、实效和优化原则，基于现行系统而高于现行系统。

④ 系统设计坚持统一化、规模化、标准化原则，做到程序规范化、数据格式标准化、代码统一化，各种文档资料规范化。

⑤ 通过系统分析建立与系统相适应的数据库系统，做到数据充分共享，响应迅速。

⑥ 系统设计应遵循有关规范需求，具有实用性、可靠性、重要性、可扩充性、可维护性与硬件兼容性。系统用户界面友好，易于使用；软件资源要有

安全保密措施，保证用户的程序和数据不被破坏和丢失；系统应有较强的恢复能力，一旦系统发生故障后能保留中断时的信息，并能很快恢复。

## 1.3　设计指导思想

系统达到以数据为核心，完成以下相应的技术目标，使系统具有相当的先进性；有较好的适应性和灵活性；易使用、易掌握、便于推广、便于维护。为了达到上述目标，在设计中的指导思想为：

（1）强调统一

信息管理系统是一个统一的大型计算机管理应用系统，统一进行需求分析、统一设计、统一开发、统一维护。

（2）强调信息的双向流动的观点

在强调信息上传（采集、统计、分析、报表）的同时，还要强调信息的下达（领导的指令、计划、文件等下达）。

（3）统一查询界面，方便查询

系统要统一查询界面，查询方法应提供多种选择，方便使用者选择。

## 1.4　矿业生产管理系统发展现状与趋势

针对本书研究的主要内容和系统设计，以及现有文献对相关领域研究成果，这里就矿业生产系统中的调度管理系统、物资供应管理系统、销售管理系统、生产统计管理系统、设备管理系统、安全管理系统等方面进行文献和发展趋势综述。展现矿业生产关系系统在目前矿业领域的应用情况、特点和发展趋势。

### 1.4.1　调度管理系统

调度系统主要应用于应急指挥所、值班室、急救中心、矿井、应急车等。矿业生产中各种行为的实施时间、地点和对象都依赖于科学的调度和管理方式。因此，调度系统的管理是实现矿业生产的基本保障。如下对近年来矿业生产调度管理系统的相关研究进行综述。

万鹏鹏等[1]介绍了巴布亚新几内亚某露天矿GPS生产调度系统的组成和功能，分析了系统的应用现状及为矿山带来的效益。系统的实施有效地提升了矿山设备利用率，规范了人员操作及生产流程，减少了安全隐患。

张博等[2]研究了智能化的卡车调度系统。其先进性体现在实现车辆状态监控、安全监控、历史回放，实现多种调度方式相结合的智能生产调度，采场现状、车辆及其他位置信息多维展示，实现自动/半自动配矿，实现调度中心实时采运调度，实现自动计量、分析、查询和修改统计报表数据，与采场边坡监测系统融合提高安全管理水平，实现一塔多用，根据矿山实际建立"卡车调度系统运维管理规范"等应用方式。

冯如只等[3]以矿车等待时间短和装卸车距离短为原则给出了矿车调度系统的目标函数，用改进粒子群算法计算矿车调度系统的最佳调度方案，提高了矿车资源利用率。设计了基于改进粒子群算法的矿车调度系统的结构及该系统软件的各功能，使矿车调度系统更便于操作。

周永生[4]将无线技术应用到日常的调度和通信中来，在调度系统中介入手持终端程序，用户通过手持终端向调度中心发出请求，调度系统依据用户的地图坐标，将调度指令最终发送到用户终端上。

黄倩[5]设计了一种井下无轨胶轮车定位调度系统，包括该系统的总体方案设计、工作原理及软硬件设计。阐述了其核心调度原理，包括直行巷道、弯道、交叉巷道的调度原理。论述了其在兖矿集团某煤矿的布局情况及应用效果。

陆志宇[6]介绍了刚果（金）SICOMINES 铜钴矿 GPS 智能调度系统。其采用可靠的硬件、先进的软件和智能调度算法，实现了生产自动统计、设备优化调度，建立了调度人员与操作手间的便捷通信途径，借助了高清视频系统和历史回放功能。

洪振川等[7]提出了基于 Android 智能设备的 GPS 矿车自动调度系统，在保障采矿生产效益的同时，降低了成本、消除了安全隐患，方便了电铲、矿车司机等相关人员使用。

边丽娟等[8]介绍了鹿鸣钼矿建设的卡车调度系统中智能调度、精确配矿、油量监控等内容，并重点阐述了系统对提高生产率的实际应用效果。

岳亚超[9]详细介绍了大屏幕显示系统的功能与设计要求、显示技术、设备选型及屏幕布局，并且给出了工程中设备的具体技术资料。

王晓静[10]在 J2EE 的基础上，提出的运输调度系统按照功能和结构差异分为不同的四层，即 Web 层、客户层、企业信息系统层与业务逻辑层。层次分明的运输调度系统具有方便扩展与维护、访问便捷的特点，在充分利用上述特点，并结合 MVC 的基础上，深入研究运输调度数据的管理模式与访问方式，经营调度信息系统结构最终得以提出。运输调度系统设计的子系统的设计充分反映了运输业务与煤炭企业的需求的深入结合。选取运输管理信息子系统中火车编组管理模块并详细介绍了系统的实现。对兖矿集团运输调度系统的设计已被该公司采纳接受，由于它可靠稳定的性质及设计的合理性、正确性的优越之处，给投入运行的兖矿集团带来了明显的管理效益与经济利润。

陈新旺等[11]就现行人工调度系统与 GPS 矿车自动调度系统进行了综合性比较，说明了实施 GPS 矿车自动调度系统的必要性，描述了自动调度系统总体目标和能够实现的功能，结合高村采场实际情况对系统进行了整改和完善，对系统运行后的效果和效益进行了分析。GPS 矿车自动调度系统能够较为全面和准确地实时优化调度和监控整个露天矿的生产，为露天矿生产提供了科学有效的生产管理方法和智能化的生产指挥方法。

韩路朋[12]指出 GPS 矿车自动化调度系统作为提高露天矿山综合效益的一种新兴科技，如何合理地规划和运用对矿山搞好生产技术管理和矿山的安全生产具有重要意义。他对 GPS 矿车自动化调度系统在生产中出现的问题进行了分析，并提出了相应对策。

## 1.4.2　物资供应管理系统

物资供应管理，是指为保障企业物资供应而对企业采购、仓储活动进行的管理，是对企业采购、仓储活动的计划、组织、协调、控制等活动。其职能是供应、管理、服务、经营。目标是以最低的成本、最优的服务为企业提供物资和服务。物资供应是保障矿业生产活动的基础，充足而又及时的物资供应是矿业生产物资供应管理系统的核心任务。如下对近年来关于矿业生产物资管理系统的研究和成果进行综述。

刘谦明[13]认为科学有效的企业采购组织，既是企业物资采购目标的保障，也是采购监督与效率的保障。对采购组织进行了深入研究、积极探索与实践，取得了良好的效果。他讨论了采购组织设计，指企业采购供应部门内部如何进行岗位设置、部门设计，以及它们之间的关系。

葛青[14]指出煤业集团大都具有企业规模庞大，分布范围广泛，分部门、分公司、分支机构众多等特点。这些特点也决定了煤业集团生产经营对物资的巨大消耗。物资供应的快速、准确、及时到位，保证了企业生产经营的正常开展，保证了企业预期经济效益的获取。计算机通信技术在煤业集团的应用，为保障物资供应的快速、准确、及时到位创造了有利条件，奠定了技术基础。

胡勇星[15]通过绩效考核对员工进行甄别与区分，使优秀人才脱颖而出，对大多数人要求循序渐进，同时淘汰不适合的人员，打造一支优秀的团队。结合兖矿集团物资供应中心实际，探讨在内部市场化管理模式下如何进行绩效考核、取得的成效和不足，探索绩效考核提升途径和方法。

崔宁[16]认为规范化流程管理是明确企业各部门职责，捋顺各部门业务流程，提高企业各部门协作能力和管理效率，确保工作任务目标完成的重要途径。在当前经济大环境不景气，钢铁、煤炭等行业普遍效益不佳的情况下，矿建企业也都面临着较大的资金压力；也给企业原材料采购环节的管理提出了更高的要求。在矿建企业物资采购环节导入"规范化流程管理"，对于提高企业物资采购管理水平，降低企业采购成本支出，确保物资的及时供应、安全供应等方面都具有重要的作用。

郑忆[17]首先以 HT 公司的采购管理环节作为研究基础，针对当前国际竞争形势下 HT 公司锰矿国际采购管理方式进行探讨。通过对 HT 公司锰矿采购流程进行跟踪阐述，分析公司目前的市场需求、供给状况、经营特性、获取能力、供应商选择等多方面的内容。结合采购管理理论，从 HT 公司国际锰矿采购在市场上的优势、劣势、机会和威胁作为切入点，分析国内外锰矿贸易企业和 HT 公司采购管理的现状，通过 SWOT 分析方法找出 HT 公司锰矿石国际采购管理上存在的问题。给出了四点优化意见：① 以市场为向导，及时根据市场情况调整采购定价；② 注重与先进咨询公司合作获取准确的市场信息；③ 及时根据市场价格安排船期；④ 关注国外锰矿资源，提升有效投资的手段。最后依此从采购的原则与流程、采购部门员工的激励优化的设计两方面给出了优化后的流程，以及根据员工各自的能力、特点区别进行绩效奖励；借鉴国外优秀企业的奖励方式的优化意见。

陈桐[18]针对阜矿白音华能源有限公司的物料库存现状进行研究，找出了公司物料库存居高不下的原因，指出了在库存控制手段方面存在的不足，并以库存管理的相关理论和方法为依据，提出了具体的改进措施。主要工作如下。① 系统分析了阜矿白音华能源有限公司的库存物料管理现状，找出库存管理存在的问题，并针对存在的问题分析产生的原因；② 运用层次分析法对供应风险和物料价值两个维度的影响因素进行分析，再运用 Kraljic 矩阵分类方法对公司目前的库存进行重新分类，并针对不同物料类别分别对其实行不同的库存优化策略；③ 提出了库存优化的保障措施设计，从库存管理的信息化建设和职工培训两方面着手，为库存优化的顺利实施打下良好的基础。通过对公司物料库存的一系列优化改进，能够有效提高库存管理水平，起到降本增效的作用，还可以为其他煤炭企业的库存管理提供借鉴。

要锋[19]应用现代仓储库存管理先进理论，针对金庄矿仓储库存存在的四大问题，通过头脑风暴法，提出了解决问题的四大原则，明确了仓储库存控制目标。介绍了利用系统布置设计法，合理利用平面、空间，使库房资源利用进一步合理，库存固定成本相对减少。提出了仓储库存最佳路线图，以 ABC 库存分析法为重点，设定安全库存量，采取订货量管理方法，使库存资金总额减少，库存变动成本降低。制定了转变仓储库存管理发展方式，配套管理优化仓储库存控制，借助电子商务优化库存控制，利用信息管理平台改进库存管理基本方式，使库存周转率提高，库存成本进一步降低。并提出逐步建立仓储库存立体自动化仓库，满足仓储库存发展需求。

赵维熙[20]认为，供应链管理作为企业管理的重要一环，为应对市场环境诸多不利因素的影响，企业应从供应链上下游对其绩效进行考评并实施有效控制。煤炭企业应合理运用供应链运作参考模型——SCOR 模型，通过对 SCOR模型的分析为煤炭企业制定行之有效的绩效评价指标，并结合煤炭企业实际情况对供应链绩效评价指标进行定性分析和定量分析，根据相关的指标结果找到煤炭企业关于供应链绩效管理存在的漏洞，针对漏洞提出改进措施。同时，在供应链的重要节点处施加重要手段，以期实现煤炭企业供应链管理科学高效发展，加快绿色、协调、可持续矿山的建设脚步。

张恒[21]以淄博矿业集团供应链电子商务系统为依托，设计并实现了"超市化"的物资管理平台——物资供应超市管理系统。系统采用 B/S 模式的三层体系架构。表示层采用 Servlet 和 FreeMarker 技术开发，用户可以在各自电脑的浏览器中输入系统的 URL 地址来登录系统完成各种业务操作；服务器层采用基于 Spring 框架的 MVC 架构，以及 Hibernate 框架来实现数据持久化，主要功能是处理各种事务逻辑，接收用户发送来的请求，并且将处理结果反馈给用户；数据层采用 Oracle10g 数据库来完成对数据的各种操作。硬件方面，除了用户使用的电脑之外，系统使用条码扫描设备来完成物资信息的获取。设计与实现了物资供应超市，在优化原有的物资供应管理系统基础之上，满足了科学发展和精细化管理的要求，解决了"信息孤岛"与物资管理不合理、物资浪费严重的问题。

莫少华[22]以山河矿装供方开发管理为研究对象进行实证分析。随着时间的推移，安徽山河矿装的产品型谱及产量在大幅度增加，现有的供方开发管理模式已不再适应当前市场环境且达不到企业快速发展要求的矛盾日益凸显。企业急需提升供方的开发管理水平以保障企业的高速发展，一套行之有效的全面供方开发管理体系显得尤为重要。针对其现状，提出了全面的全新的供方开发管理设计、实施及控制方案。该方案包含供方开发方法选择、供方开发指标体系构建、供方开发流程改进、供方绩效考核、供方开发管理体系的实施与控制等。

刘永刚[23]充分调研煤化公司的物资供应管理现状，通过物料管理系统企业内部顾问收集分析各单位需求，优化业务流程。对煤化公司物资供应业务在公司级层面进行规划和设计，对需求计划、采购管理、库存管理、仓库管理等不同功能模块从煤化公司层面进行管理。各生产单位设置为公司的生产工厂，实现对全公司的生产所需要物料集中采购、统一配送，盘活全公司的库存物资，加强内部工厂与工厂之间的调拨，降低公司的物资储备资金，加强物资供应与管理工作，降低材料生产成本。

崔曼[24]深入研究煤炭企业的物流模式，分析煤炭企业内部的供应物流、生产物流、销售物流，并引入社会化物流，形成煤炭企业的整体物流模式，并针对煤炭企业物流系统现状和存在问题，提出综合物流信息系统的思想，建立煤炭企业物流综合系统的模型。在此基础上，结合兖矿集团物流的实际，通过分析项目需求，建立兖矿物流信息系统的总体框架，以及系统的功能结构，并给出了系统详细的技术方案。针对兖矿物流的实际业务需求，系统采用了五层系统体系架构，采用 Justep Business 业务架构平台，实现整个信息系统的开发。对系统中的水泥运输管理和权限管理两个典型模块的实现过程做了详细的阐述。然后探讨了系统的安全性及所在网络的安全性。设计和实现的物流综合信息系统已正式投入到兖矿集团物流公司的实际业务应用中，改变了传统的物流管理方式，实现了各项业务信息高度共享，为企业员工和管理人员提供及时、准确、全面的数据，提高工作效率和工作质量，节省了企业运营成本。

张忠[25]从描述平煤股份五矿信息化现状入手，对平煤股份五矿当前的信息化层次进行分析，得到当前信息化存在的不足，给出改进的措施，并进一步探讨了提升企业信息化水平的策略。

### 1.4.3 销售管理系统

销售管理系统是管理客户档案、销售线索、销售活动、业务报告、统计销售业绩的先进工具，适合企业销售部门办公和管理使用，协助销售经理和销售人员快速管理客户、销售和业务的重要数据。销售是矿业生产的最终目的，而销售管理系统是搭建在矿企和客户之间的重要桥梁。适合的销售系统往往能使矿企获得更大利润。如下对近年来矿业领域销售系统的研究进行综述。

孙运海[26]认为，临矿集团在对煤炭运销进行管理时，采用人工方式对运输与销售中信息数据的传递，不免会导致管理人员的疏忽与主观上的错误，因此，临矿集团为提高在煤炭运销管理方面的质量与效率，为更好地为客户工作，需要新的理念与新的技术来建立一套综合性的煤炭运销管理系统。临矿集团煤炭运销管理系统所实现的功能有合同与计划、调度与发运、质量管理、分析决策、基础数据管理。系统中合同与计划实现的功能包括销售合同、销售计划、调运计划、请车计划功能。系统中调度与发运实现的功能包括装车通知单、管理过磅单、异议调整。系统中质量管理实现的功能包括质检项目管理、质检类型设置与检验项目维护。系统中分析决策实现的功能包括合同与计划查询、单据查询、账表查询。系统中基础数据管理实现的功能包括站存登记、铁路管理、价格维护、计量设置、其他设置。临矿集团煤炭运销管理系统采用 C#语言、WinForm 框架、C/S 架构。技术架构有三层：表现层、业务层与数据访问层。业务层中，用户通过 UI 界面进行操作与访问，并经由 Web 服务客户代理类将相应的操作访问控制传递给业务层。在业务层中，系统的主要功能业务有：合同与计划、调度与发运、质量管理、分析决策、基础数据管理功能业务，将表现层上传递来的操作访问控制数据与相应的功能业务进行匹配，以便下一步数据的解析。在数据访问层中，将与用户操作访问控制的功能业务的相关信息数据返回给用户。临矿集团煤炭运销管理系统利用现代化的管理理念与先进的信息技术对煤炭运销进行规范化管理，减少了管理的漏洞，提高临矿集团煤炭的销售效率与质量，使得临矿集团的经济效益越来越高。

刘芳[27]根据山东能源龙矿集团煤炭发运计量的需求，深入调研并提出解决方案，在此基础上，设计实现了一个煤炭销售远程计量系统。在功能上完成了检斤管理模块、防作弊管理模块、视频监控管理模块、智能语音提示管理模块、负载均衡模块、统计查询模块、SAP 数据交互模块、系统管理模块。研究的煤炭销售远程计量系统已经在山东能源龙矿集团投入使用，取得了良好的效果。该系统完全切断了检斤人员与客户之间的接触，达到了全面防作弊的目标。该系统使车辆的识别和过磅过程大大加快，保证了煤炭的及时发运。该系统上线后，大约减少了三分之二的过磅人员，明显降低了企业的运营成本。

白林虎[28]考虑兖矿集团煤化公司生产管理过程中存在的实际问题，结合目前管理信息系统的前沿技术，设计完善一套较新的生产销售管理 ERP 系统。本文对兖矿集团煤化公司生产销售管理的现状、存在问题及发展趋势进行了阐述。探讨了如何构建煤化工生产销售管理信息系统的总体方案，首先通过对软件的结构体系及特点进行分析研究，阐述了使用.Net 的 B/S 结构体系来开发设计 ERP 信息系统的优越性；针对 Microsoft.Net 结构框架的分析研究，提出采用.Net 连接数据库的方法，以及利用 SQLServer 2005 数据库技术创立生产建设系统数据库的方法。在煤化工生产销售信息管理系统整个设计框架中，论文针对煤化工生产的系统特征、工作任务及管理流程中出现的问题的调查分析，提出了煤化工生产销售管理信息系统的总体需求并对其功能进行合理的设计。本书最后对所设计的系统进行了功能和性能方面的测试，经测试证明本书所设计的兖矿集团煤化公司 ERP 系统具有较高的容错性、较强的安全性，可以为提高公司的工作效率提供一定的支持。

刘亚静等[29]建立了专门针对矿山企业的采销信息管理系统，系统地分析了矿山企业采销管理模式，采用 GIS 空间数据处理技术，利用 WebGIS 的空间数据共享优势，设计并实现了基于 WebGIS 的矿用对象采销信息管理系统，使数据的管理、维护能够达到统一，改变了传统的矿山企业中矿用对象的采销管理模式，提高了采销管理的效率，为企业创造更多的经济效益。

马楠[30]认为，煤炭行业产业集中度低，生产经营条件差，信息化程度普遍较低，煤炭行业信息化建设对于我国煤炭产业的健康发展有着重要的作用。客户关系管理是利用信息科学技术，实现市场营销、销售、服务等活动过程自动化，以提高客户满意度和忠诚度为目的的一种管理经营方式。客户关系管理既是一种管理理念，又是一种软件技术。为山东兖矿集团开发一套完整的客户关系管理系统，以解决该集团长期存在的客户群管理问题，提高企业的运营效率。首先对客户关系管理系统进行了需求分析，确定了系统的目的、应用范围、概念定义和系统功能。在识别系统的使用者和参与者的情况下，分析系统实现的功能。在系统的非功能性需求分析方面，定义了系统的稳定性、数据安全性、数据处理能力和系统反应时间等。

庄磊[31]通过对兖矿煤化公司销售业务的分析并结合自身的实际情况，提出了有针对性的解决和处理办法，系统采用 B/S 结构的系统结构，在 SQL Server 2000 数据库基础上进行了开发，在实现了管理、查询等基础功能的同时更加注重产品的性能和扩展，从根本上实现了兖矿煤化公司销售管理工作的信息化。系统的主要研究方向是借助现代化计算机技术对兖矿煤化公司日常销售管理工作进行有效管理，强调了现代化的销售管理手段在公司经营活动中是至关重要的。通过对兖矿煤化公司实际销售工作的调查和分析实现了几大功能模块划分，分成几个具体步骤进行了设计和实现。系统通过了性能和实用性测试，实现了设计和开发的初衷和目的。

王纪波[32]针对兖矿集团地销煤管理存在的问题，如原地销煤称重系统不完善、地销煤流程不统一、ERP达不到实时信息录入、报表人工传递、存在跑冒滴漏现象等，特别是人为因素较多问题，组织进行需求分析，提出系统性能和功能要求并组织实施，达到统一市场、统一计划、统一定价、统一结算和统一发运的要求。在广泛调研的基础上，选用煤科总院 SWICE Power Seller 2008 管理软件为基础，对原有平台进行二次开发，实现煤炭运销业务及销售数据的集中管理与查询。业务人员通过系统平台实现煤炭客户信息的建立、购销合同、财务收款、订单的集中管理与设立，发运计划落实，煤质信息等管理工作，解决发运管理的手工作业工作量大的问题。系统选配有摄像机、远距离读卡器、智能道闸机等硬件设备，与软件系统配合使用实现矿井订单管理、称重管理、车辆管理、门禁管理、报表管理、煤场监控等功能。利用现代化的信息手段将煤炭运销信息一体化，并统一在一个整体的软件平台之上进行有效的管控，从而避免管理漏洞，保护公司的利益，大幅提高公司的煤炭销售效率。

邵建峰等[33]针对碎石矿运营中产销不均衡及扣吨严重问题，分析了碎石产销业务系统中"五量三率"，设计了基于"五量三率"的碎石矿产销量监督系统，给出了监督系统工作原理和实施过程中应该注意的问题。

朱冉冉[34]认为，ERP系统是能够有效增强企业竞争力，提高企业管理效率的手段。随着经济的发展及竞争的日趋激烈，企业面临着必须争抢企业竞争力，寻求市场出路的境地。要创新要发展，市场要求企业必须用先进的管理理念、管理工具和管理模式来提高企业经营管理水平。通过实施 ERP 销售子系统，规范企业在销售、生产等各个环节的管理流程，加强各环节的信息共享，提高企业的整体运作效率，降低产品生产成本，企业可以最大限度地利用以客户为中心的资源，提高企业的市场竞争能力，从而让企业在日趋激励的市场竞争中求得生存。整个 ERP 系统建成后，兖矿集团大陆公司生产销售各个环节，将基于统一规范的信息技术平台进行各项管理经营业务活动，实现实时信息的上下贯通，达到信息系统与业务经营的紧密结合，全面服务、支撑和促进经营业务的发展。

### 1.4.4　生产统计管理系统

通过生产管理系统，管理者能够随时了解生产情况，库存存货情况，自动生成生产配料单，跟踪整个生产过程，科学管理生产物料，同时可以帮助企业管理者有效控制生产成本，及时了解产品产量及库存的业务细节，发现存在的问题，避免库存积压，做到快速的市场反应。生产统计管理系统一方面负责生产过程的管理工作；另一方面，统计生产过程的结果，是保障矿业生产的核心系统。如下对生产统计管理系统的研究现状进行综述。

胡勇军[35]指出，采油矿是油田的主要原油生产单位，其管理的生产指挥系统涉及生产过程中采油、注水、集输、作业等信息的管理应用，对采油矿的持续稳定发展起到至关重要的作用。通过建立一个统一的信息系统，对全矿生产过程中的信息进行查询和管理，能够有效地提高采油矿的管理水平。按照管理信息系统的开发规律，从需求分析、系统设计、系统实现的全过程进行了系统开发，综合应用了网络技术、数据库技术、面向对象的软件开发等信息技术。通过项目的设计、实施，达到了系统的设计目标。第一，提升全矿各级管理人员的管理效率，有效地推动了全矿管理人员整体管理水平的提升。第二，提升了生产运行的效率。改变了过去生产管理运行中的信息传达不畅、覆盖面小的情况。第三，为地质分析和工程措施调整提供了技术支撑，为油田的注采调整和措施优化提供科学依据。第四，各项管理指标得到了有效控制。改变了过去成本费用连年超支的不利情况。

尹宝昌[36]以山东富全矿业有限公司为依托，针对矿产资源开发中的现代技术的应用与研发及绿色环保矿山体系建设等内容进行了系统研究，主要完成了如下研究成果：进行了矿山提升机智能化集中控制系统体系创建的研究，以实现人机交互实时远程提升机运行状态的监控；同时创建了在线安全故障监控与诊断系统，确保提升系统的安全运行。进行了矿山泵房综合智能化控制系统体系创建的研究，以实现无人值守与智能化监控、遥控操作，确保了井下排水运行安全。研究了风机智能化监控与预警系统体系的创建，以精确测量各点的风速和风压，实现了通风运行工况的实时预警与调控。研究了尾沙充填的分散智能控制系统（DCS）体系的创建。研究了矿山 Internet 网络集控系统画面的全局监视和控制系统及多标准接口采集软件系统的创建，实现了数据统一远程监控与管理体系，管理人员可以通过移动终端（手机）随时掌握矿井的生产状况和安全状况，并进行相应的决策。地下矿主要生产系统智能化控制体系的创建，可减少作业人员，提高劳动生产率；从而使作业人员的伤亡率降低，有毒有害气体、放射性污染及粉尘等职业危害率减少；可有效保障作业人员的安全与健康，以实现地下矿产资源开发过程中的环境友好、绿色无污染、低能耗、资源循环利用的目标。

姚奇等[37]对矿山生产现状及现有系统进行了研究，结合矿山现状，通过比较分析了几种开拓运输方案的优劣，并对斜坡道开拓系统进行了设计，同时，对南北两矿段的给排水、通风、压气、供电系统提出了设计优化方案，实现了现有巷道及系统的利用，从而节省了矿山建设投资，降低了生产成本。

李红军[38]认为，生产运行系统需要信息的支撑，介绍了单井功图远传、单井视频、计量站分支计量、分队计量等先进技术的应用，大幅提高运行效率，使采油矿摆脱原来传统的管理模式，向数字化采油矿更进一步。

胡平等[39]指出，随着矿山企业的快速发展和信息技术的日新月异，生产调度一体化监控平台在矿山企业得到了广泛应用。马钢集团姑山矿业公司生产调度中心采用宝信一体化监控平台 ICentroView，实际运行效果表明：系统提高了生产调度效率和企业管理水平，降低了调度人员劳动强度，使矿山自动化、信息化水平迈上了一个新的台阶。

郭德瑞[40]以提高矿级生产管理的效率为出发点，生产调度管理包括用车计划、工作安排、通知通告的上传下达等内容的网上运行，做到各项事务有迹可循，便于跟踪工作落实情况。岗位管理信息分类定制，按照生产管理信息、油藏工程信息与采油工程信息进行信息内容定制；涉及内容包括产量信息、注水信息、测试成果等信息内容。测试信息管理，根据油田公司测试资料建立和保存标准，研究建立测试资料库，同时研究开发测试日报网上运行，包括数据采集、汇总、网上查询，实现对测试信息监督管理，掌握全矿测试进度，为方案设计提供可靠依据。矿级化验数据管理及共享，主要包括矿级化验数据的采集、审核及网上发布。产量预警及对比分析，主要包括根据动态数据任意抽取对比内容，自动得出分析结果，预置预警条件，当达到条件要求时，自动预警提示。静态数据及历史数据的数字化处理及共享，主要内容包括新井单井基础信息、完井资料、水井分层测试成果等历史数据信息共享。因此，矿级生产管理综合平台应用研究为厂级生产管理综合平台的开发提供了设计参考。

谭耸[41]针对九里山矿选煤厂原有生产系统存在的生产能力不足、设备严重老化、精煤水分高等问题，对生产系统进行了相应的技术改造。对运输系统、煤泥水处理系统进行扩能改造和更新主要洗选设备及新建粗煤泥回收系统后，实际生产的选矿效果良好。

程建光[42]针对兖矿国泰化工有限公司的特点，根据 MES 系统的框架结构，设计了一个基于现场实时过程控制信息的生产运行管理信息平台。主要包括生产实时监控、在线成本分析系统、设备管理、生产日志管理等功能。该课题对兖矿国泰化工有限公司生产系统的过程控制数据进行了整合，形成了完整的企业生产实时数据库。该数据库平台能够满足生产运行管理及工艺调度监控的数据同步要求，通过对实时监控数据和历史监控数据进行一定的处理，使管理者可以随时查看实时的生产状态，并对生产中出现的问题进行分析，快速地做出判断和正确地进行指挥。同时，通过整合移动通信技术，将手机短信成功应用于煤化工生产工艺的预警系统，全面打造了安全监护网络。

吴晓茹[43]研究了地测生产管理系统，对提高露天矿地测工作的效率和质量具有重要意义。内容包括：分析了数字地面模型的表面建模方法，比较了 Delaunay 三角网的三种生成算法，给出了一种基于网格索引的 D-三角网改进算法。分析了传统采剥工程量计算方法的优缺点及研究现状，给出了一种基于 DTM 的采剥量计算方法设计，该方法主要包括采剥边界线内插和边界线裁剪 DTM。深入研究了多边形布尔运算算法，给出了一种适宜任意多边形布尔运算的算法设计。实现了 AutoCAD 图形数据库与 Access 用户数据库间的交互访问；同时利用实体扩展数据技术摆脱了数据和图形分离的现状，实现了图形与数据的同步显示，提高了数据的查询速度。开发了基于 DTM 的东沟钼矿地测生产管理系统，实现了地质数据库构建、矿区 DTM 生成、基于 DTM 采剥量计算、图形绘制与报表打印等功能，为东沟钼矿的生产管理提供了一种有效的技术手段。

## 1.4.5　设备管理系统

设备管理系统是将设备信息技术与现代化管理相结合，是实现研究级管理信息化的先导。设备管理软件是设备管理模式与计算机技术结合的产物，设备管理的对象是研究所中各种各样的设备。设备管理是实现生产的重要保障。其目的是使矿业生产中各种设备的利用率达到最优状态，从而发挥设备的最大价值。如下对近年来矿业领域设备管理系统的研究进行综述。

申燕波[44]指出 KD 矿用 IC 卡设备运行控制管理系统由 IC 卡、设备运行控制器与井上监控部分构成，通过分析其工作原理、系统性能和特点，阐述了通过对 IC 卡进行授权，控制器对 IC 卡中的信息进行识别，从而判别能否启动机电设备。

尤爱文[45]论述了首钢矿业速力公司针对涉及生命安全、危险性较大的锅炉、压力容器、压力管道、电梯、起重机械、客运索道、大型游乐设施、场内专用机动车辆等开发的特种设备安全管理系统的升级。SESMS 作为设备管理系统的补充，对于特定的特种设备按照国家和行业要求进行管理，使管理更具有针对性和目的性，提高了特种设备的效用。

焦瑞等[46]认为，随着煤矿井下设备自动化、数字化、智能化程度的不断提高，作为综采工作面主要运输设备的刮板输送机，需要满足设备日益大型化、高速化、连续化运转的需求，所以，有必要研制一种用于煤矿井下刮板输送设备的健康管理系统，以降低故障停机率，提高设备生产效率。他对刮板机设备健康管理系统的主要研究内容、关键技术及实现方法等内容进行了阐述，编制了刮板输送机常见故障的推理机制和关键零部件寿命预估规则，建立了刮板输送机设备健康管理系统的基本模型。

鹿兵[47]在设备管理方面，针对山东兖矿轻合金有限公司目前面对的事后维修多于计划性维修、缺少对点检信息的信息化管理、备件的库存储备量不能及时更新等问题，建立适合兖矿轻合金有限公司的设备管理系统。引入面向对象思想，实现数据和业务共享，提高响应速度、降低设备损耗，使管理更具条理性，从而形成一套兼具标准性和灵活性的管理体系。实现设计和建设了兖矿轻合金有限公司设备管理系统。介绍了系统的研究现状，通过需求调研将系统分为：基础管理、标准管理、点检管理、状态管理、检修管理、保障管理和系统管理等需求模块。描述了系统部分功能实现及系统测试过程。兖矿轻合金公司设备管理系统可将车间现场生产设备的运行、维护等相关管理规程落到实处。制定点检标准并信息化，使点检人员依据点检标准、点检计划完成点检作业；点检信息化处理分析，提高点检人员工作效率，降低企业生产成本；计划维护多于事后维修，将设备管理要求落实到日常工作中，实现企业设备的科学管理，从根本上杜绝点检人员不到位、点检信息缺失、任意修改等隐患。

尚晓鹏[48]简述机电设备管理系统的特点及功能，以图片的形式说明设备管理流程，详述煤矿机电设备管理系统功能清单。该系统在潞安集团的成功应用，使得集团高层能方便快速了解情况并做出科学决策。

王庆营[49]认为兖矿东华公司在推进信息化建设的过程中，购入了大量的设备，但是兖矿东华公司对于设备的管理依然采取人工的方式，每年采购计划都是根据公司员工的申报制定的，这种模式下许多可重复利用的设备都被丢弃，设备被遗失也无从追踪责任人，这种浪费给公司带来了巨大的经济压力。以兖矿东华公司设备管理业务为研究对象，设计和开发一套设备管理系统。首先对东华公司业务流程进行分析，提取出设备管理系统的主要功能模块：设备登记模块、设备折旧模块、设备盘点模块、设备信息查询模块。再利用 UML工具对系统进行设计，最后完成系统的实现，并进行功能和性能的测试。兖矿东华公司设备管理系统的实现使得东华公司设备信息收集更加全面、查询快捷、管理方便。其改变了传统的人工设备管理方式，提高了公司设备管理工作的效率，减轻了设备管理员的工作量。

桂波[50]基于 J2EE 平台，设计并实现了设备管理系统，其主要研究内容：使用 J2EE 实现系统功能，以 SQL Server 2005 数据库存储数据信息。为了在线处理设备管理业务，系统基于 B/S 模式进行构建。设备管理系统覆盖了电力公司设备管理业务，其由安全管理、设备管理、设备维护、设备故障库管理及基础业务管理等功能组成，其为设备管理业务进入科学化、规范化、网络化的新阶段奠定基础。以时序图的方式对电力公司设备管理系统的模块功能进行了详细设计，然后为系统构建了高效的数据库存储模型。在设计方案的指导下，完成了系统的实现，并对系统进行了功能测试和性能测试。

王红星[51]针对兖矿国泰化工有限公司的设备管理工作现状，把国内外先进的设备管理思想与成熟的网络技术、数据库技术相结合，开发了一套适合国泰化工先进设备管理的信息系统，该系统实现了煤化工生产设备的标准化管理，既涵盖了设备的运行、维护、台账等基本功能，同时具备资产、备件和特种设备等管理功能。它的突出特点是能对运行设备实行很好的监控，建立了以预防为主的设备管理理念。在信息化平台的管理模式下，大大地减轻了设备管理人员的负担，使企业的设备管理水平有了很大的提高。主要业务流程图，E-R模型的概念设计，并且详细地设计了数据库，最后对系统进行了测试，最终实现该系统设计的 9 大功能模块：个性功能管理、资产管理、运行管理、维护管理、工单管理、综合管理、特种设备管理、设备备件管理和系统管理。系统的主要特点是建立在以 B/S 模式的基础上，用户通过浏览器进行系统访问，工作人员可以同步处理数据，资源共享性大大提升。系统可以通过与外部网络的链接实现远程办公，如设备的购置等，可以大大提高工作效率。

刘勇等[52]提出了一种基于 SuperMap 的煤矿矿用设备管理信息系统的设计方案，详细阐述了系统功能模块的设计和系统的开发流程。该系统将地理信息系统技术应用到煤矿矿用设备管理信息系统中，并采用了 SuperMap 全组件式开发平台和 SQL Server 2005 数据库管理系统，以及 VC++6.0 可视化开发环境进行开发，为煤矿矿用设备的管理提供了新的手段，对提高矿用设备的高效利用和降低事故发生概率提供了有力的技术支持。

赵淑芳等[53]针对某些煤矿对煤矿设备安全管理缺乏信息化手段、信息分散、信息资源不能共享等问题，开发了一种基于 B/S 模式的煤矿矿用设备智能管理系统，设计实现了煤矿矿用设备安全管理的规范化和对安全数据智能分析与预警，有效降低事故发生率。

任传成[54]针对矿用设备检测检验中心的实际需求，给出了矿用设备检测管理信息系统的业务流程，介绍了系统功能模型，阐述了系统体系结构及数据库表的结构设计，最后讨论了系统实现过程中的几个关键技术问题。

柴艳莉等[55]从煤矿设备管理的现状出发，设计了基于 WebGIS 的煤矿设备信息管理系统，实现了空间数据、属性数据在整个煤矿的全面整合，对煤矿设备实现了实时、远程、动态的管理，当设备运行异常时快速实现故障定位，目前该系统已经投入使用，提高了生产效率和管理水平，降低了维修费用。

## 1.4.6 安全管理系统

矿业生产系统的安全管理是保障生产过程顺利进行的关键。由于矿业生产的特点，极易发生安全生产事故。这些事故往往会受到国家和社会的高度关注，造成不良影响的同时影响矿业生产。因此必须保证生产过程的安全，建立适合的安全管理系统。如下对近年来矿业领域的安全管理系统研究成果进行综述。

杨建军等[56]以鲁班山北矿成功运用安全信息化系统为例，介绍了信息化平台在煤矿事故隐患排查中的作用及特点，探讨信息化技术在煤炭行业的实际运用效果及作用，信息化与煤矿相结合并灵活运用能够有效推动煤矿企业的安全生产。

郑伯庆[57]介绍了矿用架空乘人装置的工作原理及架空乘人系统分类情况，详细阐述了架空乘人系统的安全管理。认为选择合适的架空乘人装置，建立符合矿井实际情况需要的架空乘人系统，并强化其安全技术管理，对系统的安全运行是非常重要的。

李学华等[58]以山西焦煤集团正利煤矿为工程背景，结合正利煤矿在生产技术和安全等方面的信息，建立了煤矿安全管理系统模型，通过预测分析煤矿安全管理中的盲区，提出相应的解决措施，提高煤矿的安全管理水平。

韩广斌[59]认为安全生产是煤炭行业顺利发展的前提，而运用矿用人员定位安全管理系统能有效提升煤矿生产的安全性。因此，对该系统进行了详细介绍，以期促进整个煤炭行业的飞速发展。

金香[60]认为对于金属非金属矿业来说，信息化系统管理更为重要。安全是矿业产业中尤其重要的一点，对于开发安全标准化管理信息系统势在必行。铝矿行业在矿业行业中也算是事故频繁发生的行业之一，工作人员的生命安全很大程度上取决于集团安全管理的开发程度。因此，对于铝矿安全的管理成为了行业中的重心。对在建设铝矿安全标准化管理信息系统时的设计过程及应当关注的问题进行了简要的分析。

罗克等[61]针对煤矿现有应用系统的主要功能局限在 PC 端的问题，提出了一种基于 Android 操作系统的矿用移动安全管理系统设计方案，重点阐述了其主要架构、功能设计和数据库设计。该系统可以很好地接入人员定位、监测监控、视频监控、OA 办公等系统。试运行表明该系统运行稳定、功能完善、操作简便，极大地方便了企业办公。

李珂[62]针对大多数煤炭安全管理的细节、方式和不足，分析并给出了煤炭安全管理系统的设计方案。系统分成了人员信息管理、设备信息管理、事故隐患管理、安全评估管理、一通三防管理、系统报警管理、系统维护管理等 7 个方面的功能模块，完成了对煤炭企业的对于煤炭开采中各种信息的综合管理，设计合理的信息流程和灵活的数据采集查询统计功能，保证数据的完整性，提高煤炭的安全生产管理效率，预防煤炭事故的发生。从系统的开发背景、社会需求和实现意义开始介绍，然后重点分析并介绍了系统的完成过程和关键模块的实现方法。首先提出了系统对软硬件的体系结构设计，然后给出了本系统一些如人员信息管理（人事基本信息管理）、设备信息管理、事故隐患管理、安全评估管理、一通三防管理、系统报警管理、系统维护管理等主要业务的流程图。以数据字典的形式介绍了数据模型，最后介绍了员工基本类、设备基本类和安全隐患记录类的设计。通过对系统实现既定目标的分析及对关键模块的研究，最终给出了相对完整的系统设计方案，对当前项目的主要功能和系统的数据库设计思路做了必要的说明，并且实现了煤炭安全管理系统大部分代码。

李宗磊[63]以龙矿集团开展的"创建一流信息化矿井"活动的开展为背景，设计并实现了一个龙矿安全生产管理信息系统。对集团公司及各矿安全生产管理领域的工作业务信息进行数字化处理，构建出功能强大、界面友好、使用方便的信息系统，形成了一个以数据驱动为导向、面向生产矿井和集团公司的多部门、多专业的企业级安全生产信息化管理平台。系统设计了地测管理、矿井安全、一通三防、生产调度、生产技术、机电管理、质量标准化、系统管理八个子系统，系统的成功设计与应用，实现了煤炭企业安全生产管理的信息化、流程化与自动化，改变了传统的管理模式。

曾勇等[64]开发了一款应用于安全隐患市场化的信息管理系统，有效地降低了安全信息管理工作难度，提高了工作效率，促进了安全管理水平。

邹甲等[65]针对目前煤矿安全标志管理系统信息化程度不高、存在监管漏洞等情况，提出了一种基于无线射频识别（RFID）设备的防伪监管体系，借助信息化管理平台，为每一个具有安全标识的矿用产品赋予一个唯一 RFID 身份编码。设计了该系统的读卡器及标识卡的硬件电路。该管理系统的应用可为煤矿方便准确甄别及管理设备提供了可能，大大降低了安全监察部门及煤矿企业的监督管理负担。

王永胜[66]认为国有特大型煤矿安全管理工作较复杂，将安全管理系统通过现代化的办公网络运用到日常工作中，可以提高安全检查工作的质量和效率。介绍了安全管理系统的原理、系统构成及在中平能化集团八矿安全管理中的应用。

贾珂伟等[67]指出数字矿山任务是在矿业信息数据仓库的基础上，充分利用现代空间分析、数据采矿、知识挖掘、虚拟现实、可视化、网络、多媒体和科学计算技术，为矿产资源评估、矿山规划、开拓设计、生产安全和决策管理进行模拟、仿真和过程分析提供新的技术平台和强大工具。通过梧桐庄矿"数字化矿山"的建设，阐述了实行数字化管理后给煤矿带来的变化。

李卯玄[68]介绍了杜儿坪矿在安全生产方面所总结、提炼、推行的安全管理"八大系统"，阐述了"八大系统"的运用，以期为其他煤矿安全生产提供借鉴。

聂伟雄[69]认为，矿灯的安全性能及使用管理与煤炭安全生产息息相关。目前安全性能高、体积小、重量轻的新型锂电池矿灯已逐渐普及，但是矿灯的信息化管理还很薄弱。为了适应煤矿现代化建设的需要，改善锂电池矿灯充电性能，实现矿灯的信息化管理。详细分析了集充电架管理、矿灯管理和考勤管理于一体的矿灯充电管理系统。

赵艳艳[70]认为，在矿山安全标准化管理系统基础上，建立性能良好、灵活性强的信息管理系统，对实现科学化、系统化和标准化的安全生产管理具有重要的现实意义。围绕孝义铝矿安全标准化系统信息化平台的开发及系统实现过程中的关键技术等问题开展研究。主要研究内容：引入信息系统管理模式，对安全标准化系统的信息化管理做出全面分析，提出基于 C/S 和 B/S 混合模式的矿山安全标准化信息管理系统。根据安全标准化系统的 14 个要素，在安全智能客户端集成框架中根据不同角色和部门开发相应的安全管理信息系统，形成安全管理功能群，实现了安全报警平台、风险管理、统计分析、安全记录管理、安全绩效管理的安全标准化系统的可视化。信息系统使得安全管理的各环节变得清晰、透明，使矿山安全的状况实时处于监控之中，能够及时发现、追查和处理各类风险。

高庆芳[71]针对东庞矿网络管理层次多、设备种类多的特点，该矿采用虚拟专用网技术对网络进行 VLAN 划分，并将 IWSA-2500 透明地串接在天融信防火墙与核心交换机之间，运用北塔运维网络管理系统对整个网络进行监控，在客户端安装 Landesk 进行监控。

### 1.4.7 智能矿业生产管理系统

随着智能化的推进，各行各业面临着智能化的挑战和机遇，矿业生产领域也不例外。而且智能化对矿业生产领域带来的改变是革命性的。智能化促使矿业生产的人、机、环管等系统结构完全改变。传统的管理系统不适合更达不到智能化的目的。智能矿业生产管理系统的发展仍在摸索之中。如下对近年来矿业生产系统智能化领域的研究成果进行综述。

宋继祥等[72]利用智能传感技术、定位技术、物联网技术、云计算技术、大数据技术，结合矿压研究与理论分析，研发矿压预警与风险防控平台。提出了一套基于矿压与煤（岩）体应力变化时空关系的多参量监测预警方法。通过矿压监测及其时空运移关系研究，可以得到不同矿压对煤（岩）体影响程度，进而为灾害危险性临界预警值的设定提供依据。开发了一套基于综合矿压应力变化时空关系的灾害危险性多参量监测预警平台，实现灾害危险性的智能辨识，提高监测预警准确性。平台系统能够通过数据库的不断收集更新，全面融合应力、围岩收敛、地质条件和开采技术条件等数据，对所监测的矿压有效数据进行智能分析处理，能够智能化挖掘矿压观测综合预警指标，得到不同情况下综采工作面及巷道矿压风险预警值，实现风险等级的自动评定，实现分级研判、分级预警、分级响应、闭环处置，能辅助用户决策和制定防治措施。

项熙亮[73]通过对煤炭输送皮带常用监测技术局限性的分析和总结，利用

CCD 相机提出了基于机器视觉的矿用皮带输送机的新型智能检测系统，该系统采用计算机视觉的方法（相机和光源）来监控皮带输送机事故，并触发警报以在必要时停止移动的传送带。对该系统在实际煤矿中的应用流程和使用效果进行了分析研究。

廖永游[74]为了提高带式输送机的运输效率及节省能耗，结合大南湖一矿实际情况，利用永磁直驱的新方式代替带式输送机原有的变频异步电动机、联轴器、减速器的配合运行方式，在简化系统结构的同时，设备具有高效、低噪和便于安装等特点。

张腾[75]以煤与瓦斯国家重点实验室重大专项为依托，基于.Net 平台开发了冲击矿压危险智能判识系统。系统将现阶段主要的传统防治方法与新兴的算法模型结合起来，组成了一个以冲击矿压危险算法模型防治为主、以传统的防治手段为辅的综合性冲击矿压危险判识系统，该系统规避了传统防治方法的不足，又利用冲击矿压危险算法极大地提高了监测准确度。同时，设置了煤矿日常事务管理模块，用于管理煤矿日常事务，提高煤矿的管理效率及安全性。以综合指数模型和相对应力集中叠加模型为基础，设计了系统的数据库。冲击矿压危险评价模块的主要功能是对冲击矿压进行危险评价并给出危险等级及该危险等级下的具体防治措施，方便矿区人员直接实施。相对应力集中叠加模型通过图层信息提取对比法来确定矿层图上的影响因素，从而实现对某个区域的冲击矿压危险评价，并得到该区域的冲击危险应力云图及应力曲线图。

王云飞[76]为了解决水仓巷道瓦斯超限、人员进入自动启动风机等问题，设计出一款水仓闭锁系统。具体介绍了系统软件功能设计和门禁系统设计。矿用水仓智能安全管控系统的投入运行，可以实时监测水仓状态，确保水仓内的瓦斯浓度低于安全水平，有效保障作业人员安全。

郭岩[77]为了降低工作面粉尘浓度，减少工人身体危害，分别对矿用喷雾站自动控制系统的控制器、喷雾泵及传感器进行了选型设计，简述了矿用喷雾站结构构成和工作原理，采用昆仑通态人机界面作为控制系的人机界面，通过试验调试，设备的参数设定与给定值匹配性强，说明矿用喷雾站自动控制系统实现了喷雾调节自动化和智能化。

庞亮[78]根据智能化选煤厂建设的要求，针对马兰矿选煤厂将选煤设备在线远程智能预测性维护作为智能化选煤厂建设的重要内容，通过设计智能预测性维护系统架构，根据相关设备振动温度传感数据监测点选取原则，安装构建典型设备在线远程智能预测性维护系统；该系统通过实时获取数据与正常和故障模型数据进行比对，自动判定设备状态等级，生成故障结论和维护建议，并通过人工进一步查验与修正。

郭波[79]针对我国高瓦斯矿井局部通风机的运行看护方式，以潞安集团余吾煤业为工业性试验场所设计一套智能监控系统。该系统是集矿井供电、矿井通风及矿井自动化监测为一体的控制系统，通过"风机点—采区变电所—地面调度"三级智能联控实现局部通风机安全可靠运行，以自动化控制替代人工操作，最终实现局部通风机无人值守，减少人工失误，确保了矿井的安全高效生产。

雷洪波等[80]通过现场通风阻力测定和安全检测表的方法，对矿井通风隐患细致排查，并在此基础上建立通风系统数据库，完成通风系统初始数字化，根据关键部位通风参数传感器实时采集的数据和通风隐患判别模型，结合通风网络解算方法，对通风系统安全隐患实时监控及分析预警。

张树丰等[81]针对赵庄矿通风网络复杂、供风不合理、风机能力不足等问题，利用矿井通风智能决策支持系统对赵庄矿通风网络进行构建。结合生产规划要求，提出了对主要通风机进行更换，利用新贯通的巷道辅助回风的系统调整方案，并进行网络解算，调整通风构筑物，实现系统优化改造。

吴畏等[82]为了减少井下运输事故的发生，提高煤矿的安全生产效率，介绍了一种智能矿用井下交通控制系统的设计。该系统根据在巷道中布置的机车定位识别器，确定机车的位置和运行状态，按照制定的交通控制原则控制机车的行进。该系统能快速地对井下的机车进行交通控制，并能准确检测机车司机闯红灯的违规行为。

郭荣祥等[83]认为，露天矿山生产现场的各类信息较多，原来的人为调度不能根据现场情况，实时调度来满足现场生产的需求。矿车 GPS 智能调度是通过实时收集现场的各类信息，使用调度系统进行合理的车辆调度安排，满足利用最少的成本完成当班的生产任务。利用矿车智能调度系统，可以将调度效率提升至 1/4 左右，为解决调度信息的不对称问题提供了较好的解决平台。根据调查研究，主要针对提高车辆定位的精度问题、改善调度优化方案这两个方面进行了具体分析。

丁禹钧[84]设计并实现了基于矿道内无线网络的矿用有轨车辆智能辅助驾驶系统。对矿用有轨车辆智能辅助驾驶系统进行了设计和实现。将整个系统分为三大部分：矿车探测单元，位于矿车之上的硬件设备，通过探测器负责探测矿道环境、障碍物和行人；绞车控制单元，位于绞车房内的硬件设备，负责分析探测数据、监控矿道视频、自动报警和辅助绞车制动；中央监控单元，位于中央控制室内的管理软件，负责管理矿道和设备、管理系统日志和视频、提供用户查询和管理服务。矿车探测单元由可充电锂电池供电，分为障碍探测、视频采集处理、主控模块、人机接口共四个功能模块。障碍探测模块接收主控模块的探测命令并将探测数据返回给主控模块；视频采集处理模块由超低照度网络摄像头组成，在低亮度的矿道环境中采集视频信息，通过无线网络提供视频传输服务；主控模块通过程序控制其他模块实现其功能，通过无线网络与绞车控制单元通信；人机接口由声光报警器和电量显示模块组成，负责井下报警和电量指示。

杨希[85]介绍了矿用车辆在选型及使用过程中存在的安全问题，分析目前保护方法存在的问题；基于当前斜巷矿用车辆速度失控缺少有效防护的现状，设计并开发了车辆速度失控智能保护系统及保护装置，并进行了相关的试验检验。该系统的柔性拦截缓冲效果明显，矿用车辆速度失控能得到有效防护，司乘人员无不良反应。

魏峰等[86]针对传统凭单据领取物资的"库管员-用户"模式在煤矿物资发放过程中存在的领用环节烦琐、发放效率低等问题，设计了一种基于"备品仓库-智能柜-多用户"模式的矿用智能物资发放系统。该系统以终端智能柜作为物资发放的中转站，以基于 Web 技术开发的系统管理平台实现对终端智能柜的远程通信和控制，并具有与煤矿企业资源计划系统通信的数据接口。该系统能够提高煤矿物资发放效率和准确率，降低人员成本。

吴畏等[87]针对现有煤矿井下精确人员定位系统采用大量有线通信线缆导致部署困难、成本高及紧急情况求援时智能化程度低等问题，设计了一种矿用智能精确人员定位系统。该系统中读卡器采用基于超宽带定位技术的到达时间测距方法准确获取人员标签位置，数据集中器通过 LoRa 无线通信技术收集读卡器采集的人员标签信息并上传至分站，地面监控中心根据分站上传的数据，在井下人员失去手动触发求救按钮能力时，通过紧急状况处理方案自动报警并通知管理人员。

张光腾[88]分析了电气设备常见的故障类型，提出了采用小波分析法实现高干扰条件下的信号处理，根据工作要求完成了监测与故障预警系统的功能设计与结构设计。系统以单片机为核心处理器，GPRS 为无线通信手段，通过网络计算模型的设计，向系统合理地分配参数任务，并通过先进的预警算法提升了系统的响应效率。运用了先进的故障预警算法，通过对 K-近邻与多轮投票机制的研究，确定了最优平滑因子。建立了预警通信模型，并对不同算法下的温度预测实验结果进行了分析，基于优化的 GRNN 方法可以较精确地预测煤矿供电设备的故障。

陈彦亭等[89]为了保证入选矿石质量稳定，在利用三维建模软件表现矿体空间形态及品位分布的基础上，充分分析矿山采矿生产工艺，研发露天矿损失率、贫化率定量化预测软件，提供相对精确的配矿基础数据保障；深入分析配矿流程，建立诸多约束条件下的规划求解配矿数学模型，开发智能优化配矿软件，实现矿块正交组合、规划求解优化等功能，使配矿工作定量化、智能化。

胡云等[90]针对现有矿用电机保护灵敏度差、可靠性差等不足，提出了一种新型的矿用电机智能监测保护系统，采用光电编码器采集电机转速，以专用集成电路 KYl01 为核心，同时配合使用零序互感器，共同组成漏电监测电路。同时，解决了电机过流、欠流、堵转、短路等问题，具有稳定性好、可靠性高等优点。

##  1.5 本章小结

本章介绍了矿业生产管理系统的研究目的，即信息技术的应用可以降低决策的不确定性和风险；信息技术的应用可以改变企业的组织结构；信息技术的应用能促进企业员工知识素质的提高。进一步介绍了信息设计原则和设计的指导思想。通过文献综述的形式介绍了矿业生产管理系统发展现状与趋势，针对调度管理系统、物资供应管理系统、销售管理系统、生产统计管理系统、设备管理系统、安全管理系统、智能矿业生产管理系统等系统展开了研究和成果的综述。综合地概述了矿业生产管理系统的大致情况，为系统设计提供依据。也为研究矿业生产管理系统的相关人员展示研究现状，了解相关研究的特点和方法，为接下来的矿业生产管理设计和实现提供保障。

# 第 2 章　开发平台与系统设计

## 2.1　开发平台

### 2.1.1　网络操作系统

近年来，计算机网络操作系统发展迅速，许多公司推出了功能强大的网络操作系统，打破了 NOVELL 公司 Netware 系统一枝独秀的局面，2000 年，Microsoft 公司发布了 Windows 2000 Advanced Server，它功能更强大、更稳定，是商用服务器的新标准。它具备如下新特点。

① 增强了系统整体的可靠性和扩展性。它提供了群集服务、改进了内存管理，具备更强健的系统结构，并拥有诊断和故障排除实用程序。

② 强大、灵活的管理功能。新增的和增强的服务包括 Active Directory 目录服务、远程管理和企业级安全服务，使网络管理更为方便。

### 2.1.2　数据库管理系统

本系统选用 ORACLE 公司的 Oracle 9i for Windows 2000 企业版，作为数据库管理系统。服务器软件的功能是负责高速度计算和数据管理。ORACLE 公司的 Oracle 9i 是一个 OLTP 关系数据库管理系统软件，它是专门针对 OLTP 事务处理要求（大吞吐量、高速响应事务）而设计的关系数据库管理系统。它主要有以下特点。

（1）先进的查询技术与业务事件

在 Oracle9i 中，通过一个稳健的、基于规则的发布订阅模型改进了先进的查询技术，使得消息可以自动转发给已注册的客户端。应用可以使用规则来订阅一个查询队列，确定它们所"感兴趣的"队列消息是什么。利用业务事件框架，可以创建通过订阅消息实现无缝通信的集成应用。新的事件触发器如今可允许数据库事件，例如数据库启动或用户登录，激活一个触发器，从而执行一次操作。

（2）大型 OLTP

日益增多的 OLTP 应用需求受益于众多新的特性，这些新特性提高了可用性、可伸缩性、性能和可管理能力。

（3）Oracle 9i 并行服务器改进

Oracle 9i 为内部实例通信提供了一种新的机制，从而大大提高了实例之间读操作的性能。如果一个实例请求读一个块，那么，它就不必再让该块在读操作之前 ping 磁盘。块在高速互联的实例之间发送，读操作完成的速度大大加快。这一新的机制称为 Consistent Read Server，它允许在 Oracle 并行服务器上不加修改地实现应用，并达到多个簇所提供的伸缩性。

（4）网络功能

Oracle 9i 提供了先进的网络特性和管理能力，并引入了 Oracle 9i 安全目录服务。网络管理通过自动配置 Net9，以及将管理功能集成至 Oracle 企业管理器从而得到了大大简化。

（5）操作的简易性

Oracle 9i 从根本上改进了 Oracle 应用的安装、配置和可管理性。Oracle 通用安装程序（universal installer）和数据库配置助手（database configuration assistant）都是基于 Java 的应用，它们通过探测硬件特征和提示信息来安装、预调整和配置 Oracle9i 数据库环境。Oracle 通用安装程序是针对簇的，它是在簇的所有节点上进行软件分布和安装的。

（6）其他增强的特性

Oracle9i 在其他许多方面都进行了改进。对地区语言支持（NLS）、ANA-LYZE 性能和功能、空间管理及诊断工具也做了改进。

### 2.1.3　前台开发技术

Microsoft Active Server Pages 即所称的 ASP，其实是一套微软开发的服务器端脚本环境，ASP 内含于 IIS3.0 和 4.0 之中，通过 ASP 可以结合 HTML 网页、ASP 指令和 ActiveX 元件建立动态、交互且高效的 Web 服务器应用程序。

有了 ASP 就不必担心客户的浏览器是否能运行所编写的代码，因为所有的程序都将在服务器端执行，包括所有嵌在普通 HTML 中的脚本程序。当程序执行完毕后，服务器仅将执行的结果返回给客户浏览器，这样，也就减轻了客户端浏览器的负担，大大提高了交互的速度。以下罗列了 Active Server Pages 的一些特点。

① 使用 VBScript、JScript 等简单易懂的脚本语言，结合 HTML 代码，即可快速地完成网站的应用程序。

② 无须 compile 编译，容易编写，可在服务器端直接执行。

③ 使用普通的文本编辑器，如 Windows 的记事本，即可进行编辑设计。

④ 与浏览器无关（browser independence），用户端只要使用可执行 HTML 码的浏览器，即可浏览 Active Server Pages 所设计的网页内容。Active Server Pages 所使用的脚本语言（VBScript、JScript）均在 Web 服务器端执行，用户端的浏览器不需要能够执行这些脚本语言。

⑤ Active Server Pages 能与任何 Active Xscripting 语言相容。除了可使用 VBScript 或 JScript 语言来设计外，还通过 plug-in 的方式，使用由第三方所提供的其他脚本语言，譬如 REXX、Perl、Tcl 等。脚本引擎是处理脚本程序的 COM（component object model）物件。

⑥ Active Server Pages 的源程序，不会被传到客户浏览器，因而，可以避免所写的源程序被他人剽窃，也提高了程序的安全性。

⑦ 可使用服务器端的脚本来产生客户端的脚本。

⑧ 物件导向（object-oriented）。

⑨ ActiveX Server Components（ActiveX 服务器元件）具有无限可扩充性。可以使用 VisualBasic、Java、VisualC++、COBOL 等编程语言来编写所需要的 ActiveX Server Components。

## 2.1.4　数据库设计工具

本系统使用 Oracledesinger 作为系统开发的数据库设计工具。Oracle Designer 是为高性能的 Client/Server 应用而设计的高智能的数据库设计工具。Oracle Designer 把易用性和两层设计结合起来，并对数据库的物理特性进行管理。Oracle Designer 为数据库的升级和不同的 DBMS 间的移植提供了逆向工程。它提供了一个建于 SQL 数据库之上的中央字典，允许多个设计人员共享设计数据。Oracle Designer 通过提供具有高生产率的两层设计方法来帮助设计者建立数据模型。设计者可先在概念模型层进行业务实体及关系的描述，然后由 Oracle

Designer 自动生成对应于该结构的一个分离的图形化物理数据模型。所有的逻辑描述都自动地被翻译。两层结构节省了设计和维护方面的工作。设计者可把一些扩展属性包括在数据结构设计之内，在概念层上保持其逻辑性，在物理层上保持其物理考虑处于相应的位置，对设计和维护大有益处。Oracle Designer 可为用户提供 40 多种流行数据库系统生成数据库结构。在一个分布式数据库中，可为每个 DBMS 生成模型的不同成分，并维护定义的一致性。从设计的模型中，Oracle Designer 自动生成和维护数据库结构，直接通过 ODBC 驱动器或通过 DLL，描述触发器和存储过程可调整的选择、限制、视图及其物理存储。

Oracle Designer 的逆向设计能力可自动地从一个现成的数据库产生物理的和概念层的数据模型，并可将数据库移植到一个不同的 DBMS 上，使数据库设计标准化和有机化。还可对应用扩展属性进行逆向设计。Oracle Designer 的直观编辑器和弹出式菜单及联机帮助为设计者提供了无与伦比的易用性。具有综合的报表生成能力，可将高质量报表输出到 MSWord 等其他文字处理工具中。概念层和物理层的所有关键的数据模型信息都可以包含于一个报表中。

## 2.2 系统设计

### 2.2.1 设计思想

采用先进的 B/S（浏览器/服务器）结构模式设计系统，打破了传统的 C/S（客户端/服务器）模式。传统的 C/S 模式信息处理过程是由客户端发送 SQL 命令，通过网络传送给中央服务器，由 DBMS 等资源管理器接收这些请求，取得相应的数据或进行相应的处理后，再将查询结果或处理结果返回客户端。这样就形成了一些缺陷，比如：①如果连接的客户端数目激增，服务器的性能将会因为无法进行负载均衡而大大下降；②每一次应用需求的变化，都需要对客户端和服务器端的应用程序进行修改，给应用的维护和升级造成极大的不便；③大量数据在网络上传输，将使系统的运行费用增高等。而在 B/S 结构模式中，客户机通过运行浏览器软件，浏览器使用 HTTP 协议向应用服务器层发送请求，应用服务器收到客户的请求后，一方面，从数据库服务器中提取数据；另一方面，响应客户请求。这样客户端所有的计算功能移到应用服务器中，即将原来的"胖客户（端）"进行了减肥，将企业逻辑（business logic）集中放在应用服务器上，从而简化客户端人机界面程序开发工作，具有较强的可伸缩性，适应矿区生产管理模式变革发展的需要。通过系统管理员的权限设置后，在客户端，用户只需用户名和密码，即可获取所需信息。该种模式将所有数据库和应用程序集中管理，故障排除、软件升级可一次完成，提高了效率，降低了成本。C/S 模式和 B/S 模式如图 2-1 所示。

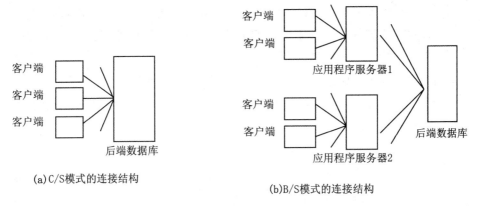

(a)C/S模式的连接结构

(b)B/S模式的连接结构

图 2-1　C/S 模式的连接结构和 B/S 模式的连接结构

## 2.2.2　数据库设计原则

一个好的数据库产品不等于就有一个好的应用系统，如果不能设计一个合理的数据库模型，不仅会增加客户端和服务器端程序的编程和维护的难度，而且将会影响系统实际运行的性能。一般来讲，在一个管理信息系统（management information system，MIS）分析、设计、测试和试运行阶段，因为数据量较小，设计人员和测试人员往往只注意到功能的实现，而很难注意到性能的薄弱之处，等到系统投入实际运行一段时间后，才发现系统的性能在降低，这时再来考虑提高系统性能则要花费更多的人力和物力，而整个系统也不可避免地形成了一个打补丁工程。在设计数据库时，按照以下准则设计。

（1）命名的规范

数据库中的各种对象的命名、后台程序的代码编写采用大小写敏感的形式，各种对象命名长度不要超过 30 个字符。

（2）慎用游标（cursor）

游标提供了对特定集合中逐行扫描的手段，一般使用游标逐行遍历数据，根据取出的数据不同条件进行不同的操作。尤其对多表和大表定义的游标（大的数据集合）循环很容易使程序进入一个漫长的等待甚至死机。

（3）索引（index）的使用原则

为了维护被索引列的唯一性和提供快速访问表中数据创建索引。Oracle9i 数据库有两种索引即簇索引和非簇索引，一个没有簇索引的表是按堆结构存储数据，所有的数据均添加在表的尾部，而建立了簇索引的表，其数据在物理上会按照簇索引键的顺序存储，一个表只允许有一个簇索引，因此，根据 B 树结构，可以理解添加任何一种索引均能提高按索引列查询的速度，但会降低插入、更新、删除操作的性能，尤其是当填充因子（fill factor）较大时。所以，对索引较多的表进行频繁插入、更新、删除操作，建表和索引时因设置较小的填充因子，以便在各数据页中留下较多的自由空间，减少页分割及重新组织的工作。

（4）数据的一致性和完整性

为了保证数据库的一致性和完整性，设计表间关联（relation），尽可能地降低数据的冗余。因为表间关联是一种强制性措施，建立后，对父表（parent table）和子表（child table）的插入、更新、删除操作均要占用系统的开销。使用规则（rule）和约束（check）来防止系统操作人员误输入造成数据的错误，约束对数据的有效性验证要比规则快。

（5）事务的陷阱

事务是一次性完成的一组操作。虽然这些操作是单个的操作，Oracle9i 能够保证这组操作要么全部都完成，要么一点都不做。正是 Oracle9i 的这一特性，使得数据的完整性得到了极大的保证。

（6）分级安全机制

根据应用的需要，分别在不同的数据库上设立数据库管理员、RESOURCE 级用户、CONNECT 级用户，并结合数据库视图，在应用程序中设立卷面级口令字的方式进行安全性检查。分级负责，责任明确。

（7）底层完整性约束机制

实体完整性。参照完整性、简单用户自定义完整性（简单值的约束和简单关系约束）直接放入数据库表的定义中，复杂用户自定义完整性（复杂值的约束和复杂关系约束）用数据库触发器的方式进行限制，将约束做到最底层而不是在应用层，这样可以最大限度地保证数据的准确、一致。

（8）并发控制

Oracle 不封锁读，只封锁写，所以对于查询应用是没有必要考虑并发操作的。对于插入、删除、修改，系统考虑先后顺序及严格操作权限，只有当前面事务提交完成后才允许后面事务处理，如入库验收单，只有当经办输入基本信息后，检验员才能填入检验结果及签字，之后仓管员才能登记实际入库数量及签字，这部分工作将由应用程序直接考虑。个别确有操作表的在应用程序中考虑封锁记录方式，一般不考虑封锁整个表的操作方式。

### 2.2.3　应用软件设计

企业管理信息系统是根据企业管理目的的不同而建立的计算机管理系统，包括企业人、物、财、供、产、销整个流程的管理。从运作角度而言，包括物资流、订单（合同）流、计划流、资金流、信息流等，解决企业最关心的煤炭生产、煤炭销售和成本控制等问题，使企业的管理工作变得高效、流畅和从容不迫。

管理信息系统主要功能应该包括：人力资源管理、财务管理、调度管理、销售管理、生产计划管理、物资供应管理、库存管理、设备管理、档案管理、工资管理、领导查询、地质测量管理、安全环保管理、数据维护等子系统。由于自身特点和实际情况，第一期并没有全方位进行管理，只根据实际需要选择调度管理、物资供应管理、销售管理、领导查询子系统模块。各管理子系统模块功能描述如下。

（1）调度管理子系统

以调度数据为基础，涵盖生产过程的状态、成果、质量、消耗等信息。涉及公司调度、井工矿调度（以 C 矿模式设计）、H 调度、G 调度等不同生产工艺的管理功能。系统主要涉及生产管理、进尺剥离管理、重点工程管理、计划管理、设备作业情况管理、值班与出勤管理、三材消耗管理、生产用电统计、事故管理、煤质与销售管理、综合报表统计等功能。

（2）物资供应管理子系统

实现机关、驻站及装车点三级管理，主要有合同管理、计划管理、调运管理、煤质管理、地销煤管理、综合查询等，实现煤炭销售的各种管理功能，同时提供煤炭销售和库存的实时查询功能。

（3）销售管理子系统

实现机关、驻站及装车点三级管理，主要有合同管理、计划管理、调运管理、煤质管理、地销煤管理、综合查询等，实现煤炭销售的各种管理功能，同时提供煤炭销售和库存的实时查询功能。

（4）领导查询子系统

实现公司领导的有关数据查询功能。

### 2.2.4 维护工具

维护工具主要完成系统用户管理、数据管理和日志管理，是系统的维护中心，分为以下几部分。

（1）用户管理

① 用户组管理。注册注销用户组，并定义用户组的功能操作权限、数据访问权限、使用时间权限。当操作用户很多时，可以将用户分组，强化管理，方便操作。

② 用户管理。可以注册注销用户，定义用户的口令和所属的用户组，并定义用户的功能操作权限、数据访问权限和使用时间权限。三种权限可以组合应用，能最大限度地保证系统使用的安全性。

③ 功能操作权限。可以分系统定义用户可以访问的功能。

④ 数据访问权限。可以分系统定义用户可以访问的数据，并能够进一步定义数据的查询、定义、修改、删除等操作的权限。

（2）数据管理

当前年度数据管理：备份和恢复当前年度的各个系统数据，按照日期和系统存放备份数据，目录清晰，便于管理。

历史年度数据管理：备份、清除、恢复某一历史年度的数据。

（3）日志管理

自动记录：系统能够自动记录用户的进入日期时间和退出日期时间，并详细记录所操作的功能。

日志管理：备份、清除、恢复某一时间段内的用户操作记录。

##  2.3 本章小结

本章介绍了矿业生产管理系统的开发平台与系统设计。开发平台包括网络操作系统、数据库管理系统、前台开发技术、数据库设计工具；系统设计包括设计思想、数据库设计原则、应用软件设计和维护工具等。需要说明的是，这里的系统开发平台是基于作者以往开发经验给出的，而并不是目前最为流行的管理系统开发平台。究其原因在于：开发平台的技术和稳定性需要经过长时间的磨炼，新技术、新方法和新平台在这方面没有优势；新平台往往需要更多的软硬件支持，占用资源巨大，不利于矿业企业布置；对于学习者而言，新平台和技术的参考材料较少，不能满足学习需要；系统的设计思路是相同的，可以先完成系统设计，再在新平台通过新方法实现。基于上述考虑，本书使用了较为成熟和保守的平台和技术实现系统设计。

# 第 3 章 调度管理子系统设计

 ## 3.1 需求分析

跨入 21 世纪，科学技术突飞猛进、知识经济日益明显。信息技术的广泛应用使信息成为最重要的生产要素和战略资源，成为推动世界经济发展的引擎。信息化代表着先进生产力的发展方向，构造着 21 世纪人类经济和社会发展的平台，驱动着各行各业进行产业结构调整和资源重新配置。古老、传统的煤炭行业毫无例外地要接受这个挑战，应该改变固有的经营管理模式，建立数字化的煤炭企业。

### 3.1.1 系统目标

生产调度管理部门是基于最高决策领导层和基层管理人员之间的信息桥梁，是矿井生产的指挥中心和信息中心，通过基层的各种产量信息、工程进度信息、计划指标完成信息及安全管理等信息能有理有序地传递到最高决策者那里，最高决策者制定的行政性指令、重要精神等决策信息都能通过该部门下达到基层管理者手中，生产调度系统是最重要的管理信息渠道。这个渠道窄了，势必造成决策领导层与基层管理人员信息不畅通，引起决策缓慢；相反，这个渠道如果非常宽，信息传递高速，决策层能迅速得到各种经营信息、计算机辅助分析信息，便能迅速地发布决策指令，使得企业管理能跟上市场发展的要求。

现行系统的目标是：围绕全公司的日常生产管理工作，运用现代化的手段和科学的方法，合理地组织、指挥、管理、协调生产活动，以保证日常生产活动有序、均衡地运行；及时地制订计划、监督计划的执行情况，迅速对计划执行情况及生产过程中产生的各种数据进行统计分析，实现生产调度的现代化、计划编制的科学化、方案制订的归优化、数据统计的自动化、决策分析的定量化，既立足于当前生产，又兼顾长远发展，既考虑内部生产条件，又掌握外部市场情况，使生产全过程始终处于最佳状态，按时完成各项生产任务，以保证实现企业的经营目标。

### 3.1.2　组织机构及业务范围

调度的信息来源主要是各矿的调度，各矿的调度信息根据矿的机构，又分别来自井调度或生产工作面。各个矿或井调度主要掌握原煤生产、回采工作面情况、掘进工作面情况、生产中断影响、原煤装运情况等一些情况，担负着矿或井的生产管理、生产指挥、生产协调和数据统计等工作，为各级领导进行决策分析、确定和调整生产经营方针提供可靠的信息和依据。其组织机构图如3-1所示。

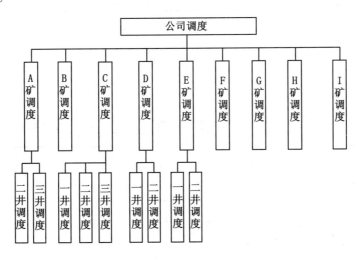

图 3-1　调度管理系统组织机构图

### 3.1.3　业务流程描述

根据实际情况，公司调度主要负责全公司生产指挥、生产协调和生产进度控制工作；各矿调度为二级调度，负责本单位的生产组织、生产指挥、生产协调和生产进度控制工作。由于公司所属矿井较多，有井工矿、露天矿，露天矿中又有机车运输和汽车运输，各矿业务流程图分述如下。

（1）井工矿

井工矿有业务矿 A、B、C、D 矿调度、E 矿调度、F 矿调度等，各矿有单井生产或多井生产，按照公司统一要求，井工矿以 C 矿为模式统一设计，如图 3-2 至图 3-14。

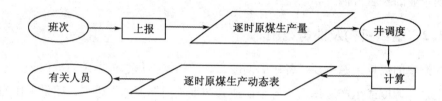

图 3-2　井逐时原煤生产动态业务流程图

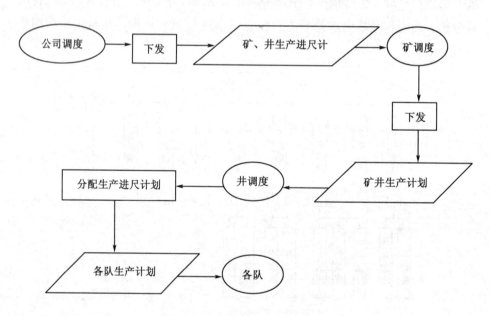

图 3-3　生产、进尺计划业务流程图

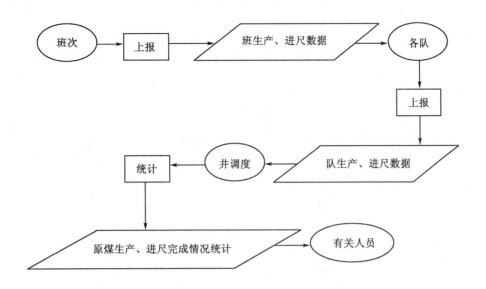

图 3-4 原煤产量完成情况业务流程图（一）

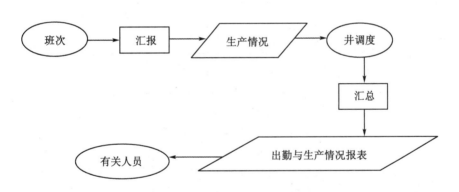

图 3-5 原煤产量完成情况业务流程图（二）

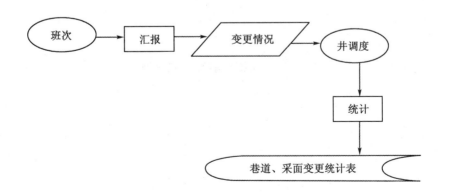

图 3-6 巷道、采面变更统计情况业务流程图

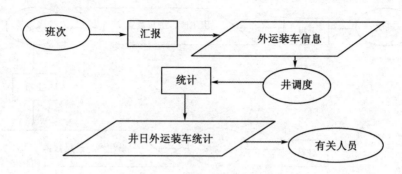

图 3-7　日外运装车业务流程图

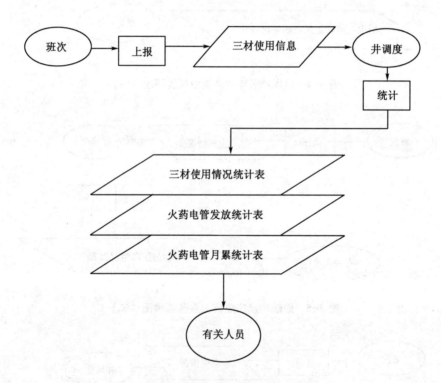

图 3-8　三材使用情况业务流程图

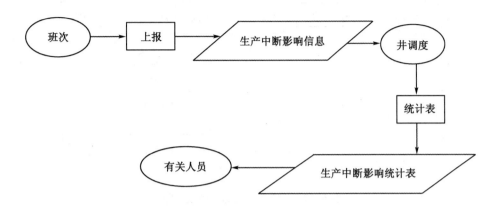

**图 3-9 生产中断影响业务流程图**

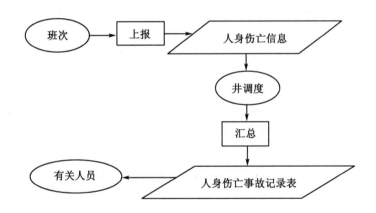

**图 3-10 人身伤亡流程图**

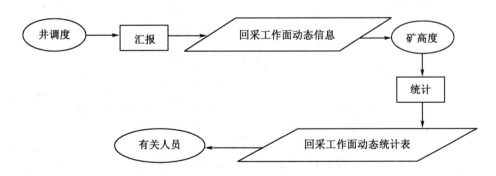

**图 3-11 回采工作面动态业务流程图**

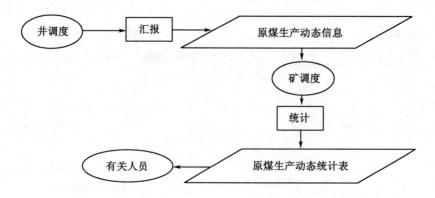

图 3-12 原煤生产动态业务流程图

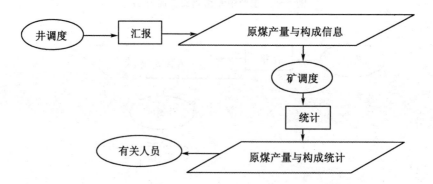

图 3-13 原煤产量与构成业务流程图

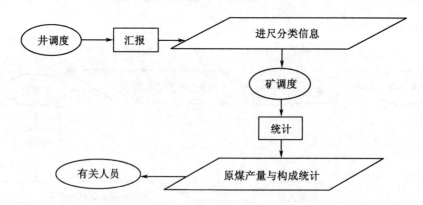

图 3-14 掘进进尺及分类业务流程图

（2）G 矿

G 矿主要采用机车运输，其行车调度不属于管理信息系统内容，故调度管理子系统业务流程中不包含所有行车调度内容，如图 3-15 至图 3-17。

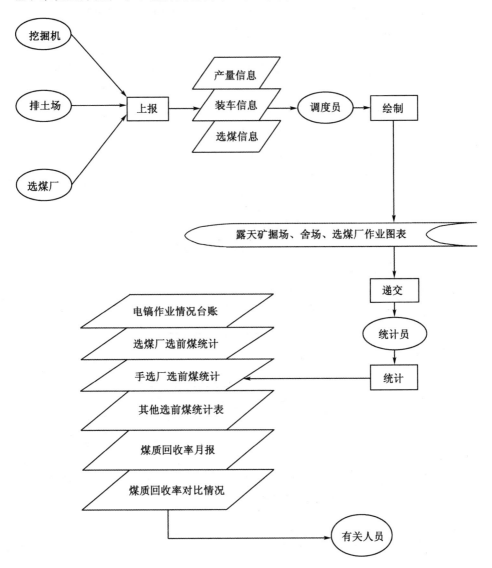

图 3-15　G 矿挖掘机、排土场、选煤场业务流程图

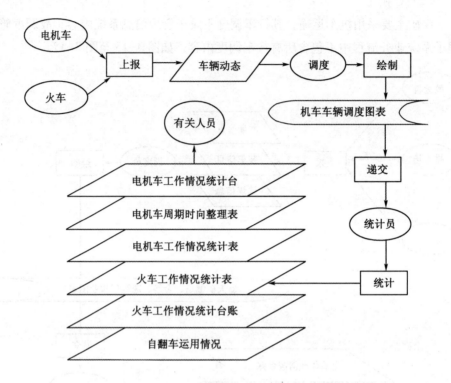

图 3-16　G 矿部分台账业务流程图

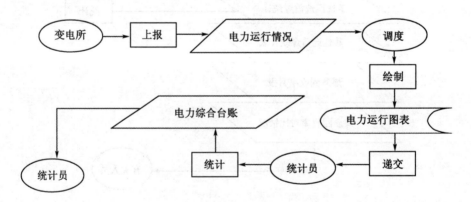

图 3-17　G 矿电力综合业务流程图

（3）公司调度

公司调度主要负责全公司生产指挥、生产协调和生产进度控制工作，其各种数据来源于各个矿井，如图 3-18 至图 3-23。

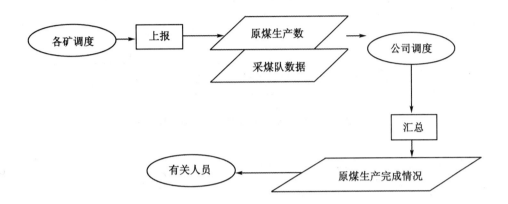

**图 3-18　公司原煤生产完成情况业务流程图（一）**

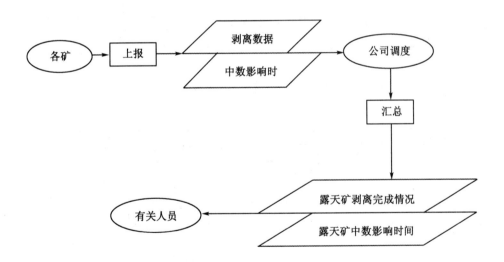

**图 3-19　公司原煤生产完成情况业务流程图（二）**

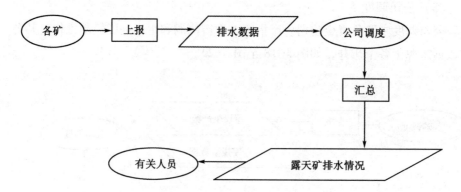

图 3-20　公司原煤生产完成情况业务流程图（三）

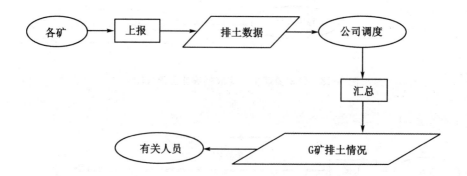

图 3-21　公司原煤生产完成情况业务流程图（四）

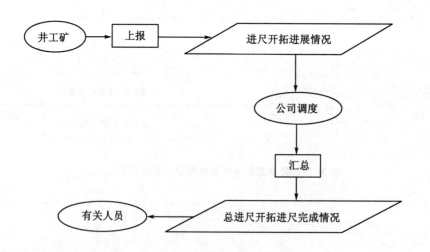

图 3-22　公司原煤生产完成情况业务流程图（五）

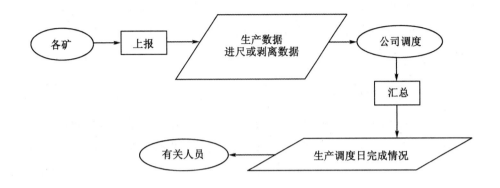

图 3-23　公司原煤生产完成情况业务流程图（六）

### 3.1.4　现系统存在的问题及薄弱环节分析

生产经营活动已进入正轨，组织机构设置完备，但也存在一些问题，主要体现在以下几个方面。

（1）管理手段不能适应企业生产管理的需要

由于公司下属各矿地域分布较广，整个公司的信息没有形成一个整体，还是一个个孤岛，所需数据只能通过电话方式进行传送，公司领导不能及时全面地掌握各个矿的生产销售信息。

（2）各矿的数据来源也只能通过电话方式传送

手工记录在调度图表上，数据传送效率低，准确性差，许多数据不能在调度图表上反映出来，对领导的决策分析、确定和调整生产经营方针具有一定的影响。

（3）生产调度人员少，工作量大

生产调度人员在大多数情况下只能应付眼前的问题和日常事务，无暇考虑公司和矿井生产管理的长远大计，这虽能维持公司和矿井生产经营活动的正常运行，但不利于生产管理水平的提高，长此以往将制约企业的发展。

（4）现有系统不能正常发挥效能

公司调度室和部分矿井虽已配备了一些计算机，甚至开发了部分应用程序，但多数不能正常发挥效能，使生产调度系统的数据处理工作基本上由手工完成，这更加重了生产调度人员的工作负担。

在这种情况下，如果仍继续采用现行的管理手段和方法，将会使管理人员精力都浪费在数据的采集和报表的处理上，造成管理人员劳动强度过大、工作效率低下、数据的准确性和报表的及时性得不到保障。因此，迫切需要现代化的手段进行管理，把管理人员从数据和报表的处理中解脱出来，把更多的精力转移到管理工作上来。

### 3.1.5　需求分析原则

通过对系统的调查分析和与管理人员的交流，用户对系统的要求如下。

① 系统的实施要以目前的管理模式的业务流程为基础，通过调查归纳、整理，找出现行系统的不足之处，做到新系统来源于现行系统，而实施又高于现行系统。

② 充分利用计算机管理信息系统的优势，发挥人-机的综合效能，降低管理人员的劳动强度，实现管理现代化。

③ 尽可能利用计算机来代替管理人员进行数据处理与报表生成。

④ 系统要有较强的实用性、先进性，并能适应管理业务的调整。

⑤ 数据查询和报表生成能够根据需要灵活组织。

⑥ 界面美观，操作简单，容易掌握。

##  3.2　目标系统的概要设计

### 3.2.1　系统目标和功能的确认

煤矿生产现场传统的工作方式是大量数据的手工统计，人工制作各种表格，因而造成信息滞后、数据失真、领导决策不及时、效率低下的现象，查找某些历史数据困难。使用调度管理系统，能够使领导及调度部门及时了解生产及销售等情况，及时了解生产及销售等的对比情况，从而高效、快捷、高质量地工作。根据现场调研及结合实际情况，调度管理系统的目标和功能确定为：建立在计算机网络平台上的调度管理应用软件，把煤炭企业的生产、销售、洗选加工、安全事故、设备状态等建立在信息技术基础之上，为企业提供决策、计划、控制与经营的全方位和系统化的管理平台。应用软件应为操作性好、可移植性强，适合企业情况，满足企业计划、生产、运输、销售等需求的高效管理应用软件系统，进一步提高企业的管理水平和竞争力。

（1）系统目标

① 将管理思想的先进性与企业的实际情况相结合，并对未来的业务发展做出一定程度上的预测。

② 流程具有一定的灵活性和适应性，系统具备可维护性、可扩充性。

③ 提供规划、计划优化、能力测算及各种统计分析模型、方法的支持功能。

④ 强大的报表系统，要提供丰富的查询、分析功能，为管理决策所利用。

⑤ 具备较强的校验、容错功能。新系统对输入错误的或不符合实际的信息能够及时校验。

⑥ 软件产品的商品化程度相对较高，并在设计和开发过程中形成齐全的技术文档和用户文档。

⑦ 设计和开发工作严格按照软件工程的方法和步骤进行，确保代码的公用性，提高开发效益。

⑧ 选择良好的开发语言，注意新的软件开发工具和软件环境，系统要有较好的跨平台可移植性。

⑨ Intranet/Internet 网络平台的信息管理系统，定义的所有报表均可以通过网络实现有级别的共享，让特定的用户能访问特定的报表，特定的报表只能让特定的用户操作。

（2）设计原则

企业的信息化建设理论上并不存在固定的模式，设计的调度管理系统考虑到煤炭企业的具体情况，遵循如下基本原则。

① 应用软件开发遵循生命周期法与原型法相结合的原则。

② 运用系统工程的理论和结构化设计方法进行系统设计，从系统的整体观点出发，采用自顶向下分析、自底向上设计的路线。

③ 坚持实用、实效和优化原则，基于现行系统又高于现行系统。

④ 系统设计坚持统一化、规模化、标准化原则，做到程序规范化，数据格式标准化，代码统一化，各种文档资料规范化。

⑤ 通过系统分析建立与系统相适应的数据库系统，做到数据充分共享，响应迅速。

⑥ 系统设计遵循有关规范需求，具有实用性、可靠性、重要性、可扩充性、可维护性与硬件兼容性。

⑦ 系统用户界面友好，易于使用。

⑧ 软件资源具有安全保密措施，保证用户的程序和数据不被破坏和丢失；系统有较强的恢复能力，一旦系统发生故障后能保留中断时的信息，并能很快恢复。

### 3.2.2 数据流程图及功能分析

数据流程图（DFD）是在业务流程图的基础上，抽象出业务处理过程的本质，即数据的输入/输出、数据的处理、数据的存储及它们的逻辑关系而得到。DFD 舍弃处理场所、方法和手段等物理内容，看重于系统功能和用户的信息需求。DFD 是新系统逻辑模型的最重要的组成部分，通过对调度室和矿调度室的生产调度业务流程的调查，采用结构化系统分析的方法，对生产调度管理系统进行逻辑模型设计，即数据流程图设计。系统中 DFD 符号的定义如表 3-1 所示。

表 3-1　系统中 DFD 符号的定义

| 图形符号 | 名称 | 说明 |
|---|---|---|
|  | 实体 | 记述系统之外的数据提供或数据获得的组织机构或个人，在方框内添入实体的名称 |
| $P_m$ <br> C | 处理 | 记述某种业务的手工或计算机处理，其中 $P_m$ 区记述处理标号，C 区记述处理名称 |
| $D_m$　S | 数据存储 | 记述与处理有关的数据存储，$D_m$ 区记述存储的标号，S 区记述存储的数据名称 |

表3-1(续)

| 图形符号 | 名称 | 说明 |
|---|---|---|
| $F_m$ →  | 数据流 | 记述数据流运动方向，$F_m$ 记述数据流的名称 |

注：TOP 图中用 P 表示；一级细化 DFD 中用 P1，P2，…表示；二级细化 DFD 中，P1 分解的处理用 P1.1，P1.2，…表示；P2 分解的处理用 P2.1，P2.2，…表示；同理，三级细化 DFD 中 P1.1 分解的处理用 P1.1.1，P1.1.2，…表示。其他符号表示类似。由于本系统涉及矿井较多，矿井内部业务相对独立，故本系统的一级细化 DFD 中 P1 表示井工矿调度管理、P2 表示 G 矿调度管理、P3 表示露天矿调度管理、P4 表示公司调度管理。

生产调度管理 TOP 图将生产调度管理概括为一个处理功能，图的左侧为由外部实体输入到系统的所有数据流，而右侧为由系统输出到外部实体的所有数据流。输入的数据流是系统进行数据处理的原始数据，对于生产调度子系统来说，它的输入数据流理论上应多数来源于与其相关的各子系统的数据存储，但考虑到数据类型较多，为了使 TOP 图简洁明了，系统直接将各单位作为向系统输入数据的外部实体。流程图如图 3-24 至图 3-31。

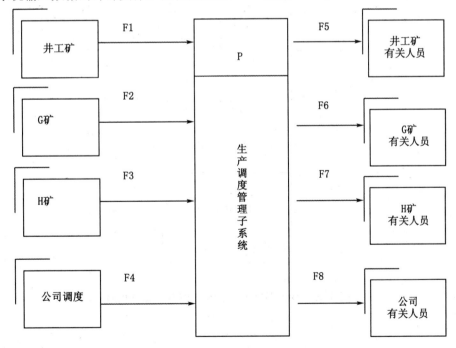

图 3-24　生产调度管理子系统 TOP 图

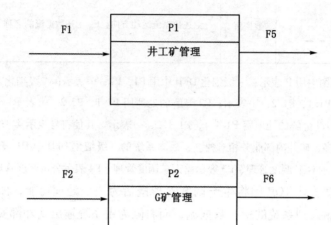

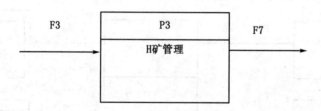

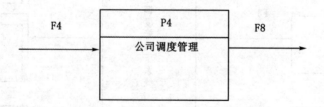

图 3-25　生产调度管理子系统 DFD 一级细化图

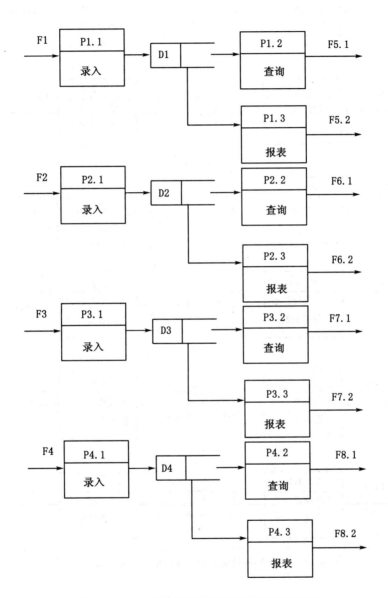

图 3-26　生产调度管理子系统 DFD 二级细化图

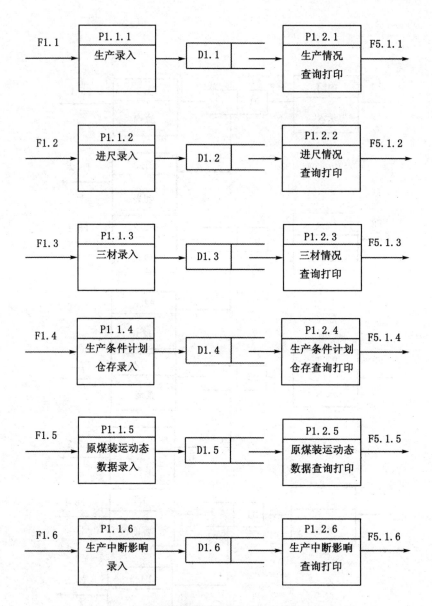

图 3-27  生产调度管理子系统 DFD 三级细化图（一）

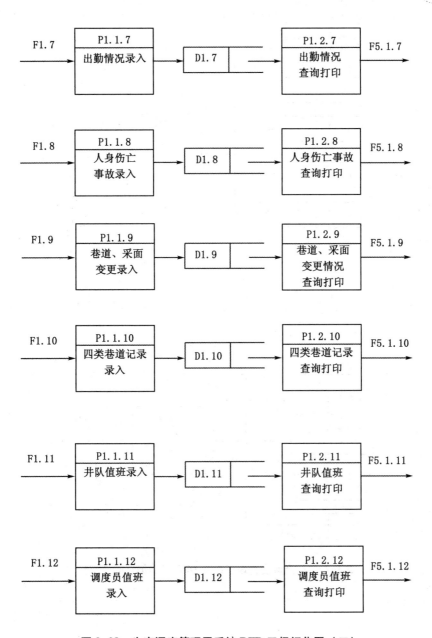

图 3-28　生产调度管理子系统 DFD 三级细化图（二）

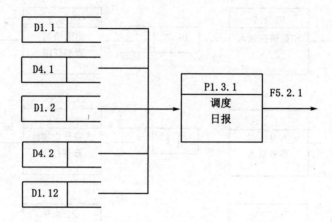

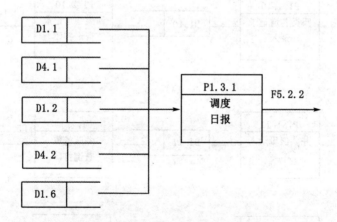

图 3-29　生产调度管理子系统 **DFD** 三级细化图（三）

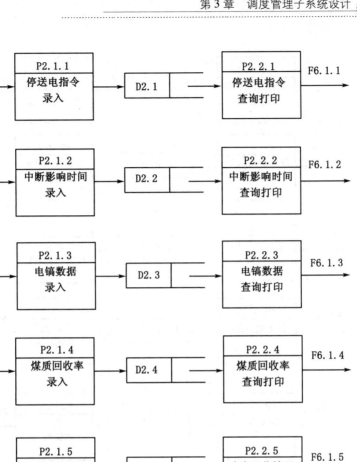

图 3-30　生产调度管理子系统 DFD 三级细化图（四）

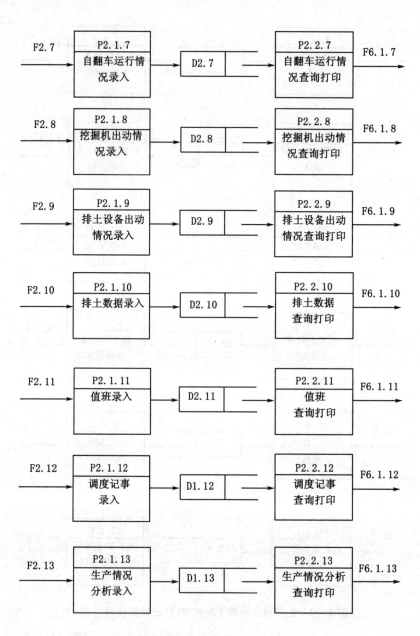

图 3-31 生产调查管理子系统 DFD 三级细化图（五）

## 3.3 详细设计

### 3.3.1 代码设计

（1）代码设计的地位和作用

数据位于现代数据处理的中心，数据模型是稳定的而处理是多变的思想是信息系统建设过程中的主要指导思想，它强调了在信息系统建设的全过程中要自始至终地加强对信息资源的管理，只有建立了一系列对信息资源的管理标准，并坚定地贯彻执行，才能做到真正意义上的信息共享。代码设计作为信息资源管理的一个重要部分，在系统建设中发挥着重要的作用。

代码是用来表示客观事物的名称、属性的一组计算机识别和处理的特别符号，如数字、字母或它们的组合。代码设计是实现一个信息系统的前提条件，优化代码系统将对整个系统产生积极的影响。

（2）代码的功能

标识：代码是鉴别编码对象的唯一标志。

分类：当按编码对象的属性或特征分类，并赋予不同的代码时，代码就可以作为区分编码对象类别的标准。

排序：当按编码对象发生的时间、所占的空间或其他方面的顺序关系分类，并赋予不同的代码时，代码有可能作为编码对象排序的标志。

特定含义：由于某客观需求采用一些专用符号时，此代码又可以提供一定的含义。

在这些功能中，标识功能是代码的最基本的功能，任何代码都必须有这种功能特性，代码的其他功能是人们为了便于处理信息、管理信息而选用的，是人为赋予的。

（3）代码设计的基本原则

唯一性：虽然一个编码对象可能有很多不同的名称，也可按照各种不同的方法对其描述，但是在一个编码分类标准中，每一个编码对象仅有一个代码，一个代码只唯一地表示一个编码对象。

合理性：代码结构要与分类体系相适应。

可扩充性：必须留有适当的后备容量，以便适应不断扩充的需要。

简单性：代码结构要尽量简单，以便节省计算机的存储空间和减少代码的差错率，同时提高计算机的处理效率。

适用性：代码要尽可能地反映编码对象的特点，有助于记忆，便于填写。

规范性：在一个分类编码标准中，代码的类型、代码的结构及代码的编写格式必须统一。

（4）具体的代码设计

① 单位代码。调度系统涉及单位较多，所有单位代码用七位表示，即 $X_7X_6$ $X_5$ $X_4X_3X_2$ $X_1$。其中：$X_7X_6$ 为矿代码，其内容见矿代码对照表；$X_5$ 为井代码，内容为各井工矿内井的顺序号；$X_4X_3X_2$ 为队代码，其中 $X_4X_3$ 的内容为队的性质，具体见队性质代码对照表，$X_2$ 为某类队中的顺序号；$X_1$ 为班代码，"1" 代表一班，"2" 代表二班，"3" 代表三班。如果某级不再细分，则下级用 "0" 表示，如 H 矿的代码为：0800000。表 3-2 所示为矿代码对照表，表 3-3 所示为队性质代码对照表。

表 3-2　矿代码对照表

| $X_7X_6$ | 矿　名 | $X_7X_6$ | 矿　名 |
| --- | --- | --- | --- |
| 01 | 矿 A | 06 | 矿 F |
| 02 | 矿 B | 07 | 矿 G |
| 03 | 矿 C | 08 | 矿 H |
| 04 | 矿 D | 09 | 矿 I |
| 05 | 矿 E | 10 | |

表 3-3　队性质代码对照表

| $X_4X_3$ | 队　名 | $X_4X_3$ | 队　名 |
| --- | --- | --- | --- |
| 01 | 炮采队 | 05 | 高档队 |
| 02 | 综合队 | 06 | 采掘队 |
| 03 | 开拓队 | 07 | 运输队 |
| 04 | 综采队 | 08 | |

② 在籍设备代码。生产调度子系统涉及设备类型较多，代码用四位表示，其中前两位表示类型，后两位表示该类设备的顺序号，代码对照如表 3-4 所示。

表 3-4　在籍设备代码对照表

| 代码 | 设备类型 | 代码 | 设备类型 |
|---|---|---|---|
| 01 | 挖掘机 | 07 | 吊车 |
| 02 | 自卸车 | 08 | 正铲 |
| 03 | 推土机 | 09 | 反铲 |
| 04 | 电车 | | |
| 05 | 火车 | | |
| 06 | 专用车 | | |

③ 生产中断影响代码。生产调度管理子系统涉及采、运、排、穿孔、爆破等许多生产工程，影响正常生产的因素，其代码设计如表 3-5 所示。

表 3-5　生产中断影响代码对照表

| 影响项代码 | 影响项名称 | 影响项代码 | 影响项名称 |
|---|---|---|---|
| 001 | 待修 | 103 | 其他待荷 |
| 002 | 零修 | 104 | 整装影响 |
| 003 | 定检 | 105 | 天气影响 |
| 101 | 选煤影响 | 106 | 其他影响 |
| 102 | 破碎站影响 | | |

④ 运输设备工种代码。运输设备可能进行剥离、采煤、杂业、故修等，其代码设计如表 3-6 所示。

表 3-6　运输设备工种代码对照表

| 影响项代码 | 影响项名称 | 影响项代码 | 影响项名称 |
|---|---|---|---|
| 01 | 剥离 | 04 | 故修 |
| 02 | 采煤 | | |
| 03 | 杂业 | | |

### 3.3.2　功能模块设计

根据调度管理系统资料分析，设计出调度管理子系统功能模块的层次结构，使用 HIPO（分层和输入—处理—输出）分层图描述系统的模块层次结构。层次结构如图 3-33 至图 3-52 所示，其中模块标号格式如图 3-32。

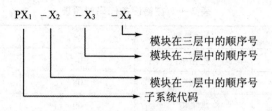

图 3-32　模块层次图标号格式

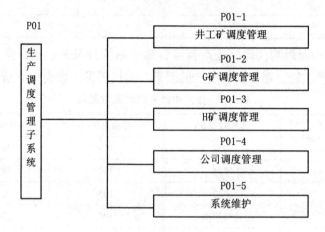

图 3-33　生产调度管理子系统主模块图

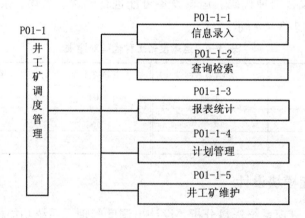

图 3-34　井工矿调度管理模块图

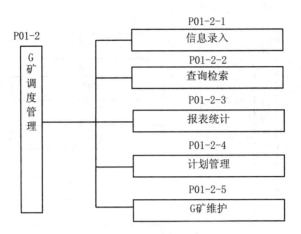

图 3-35 G 矿调度管理模块图

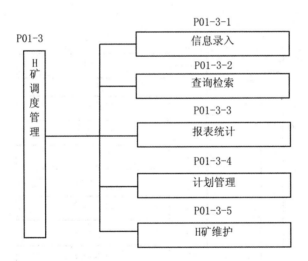

图 3-36 H 矿调度管理模块图

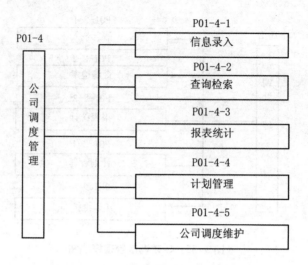

**图 3-37　公司调度管理模块图**

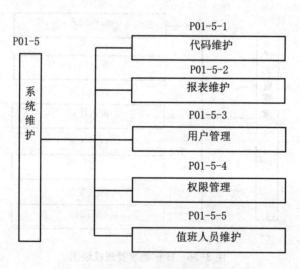

**图 3-38　系统维护管理模块图**

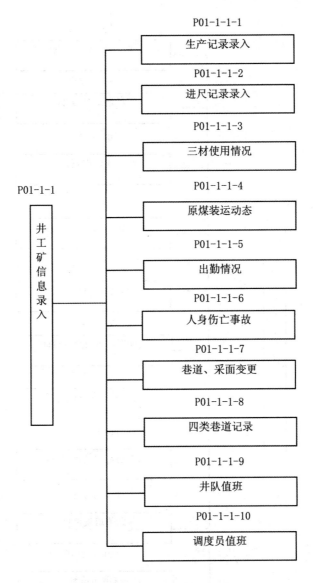

图 3-39　井工矿信息录入模块图

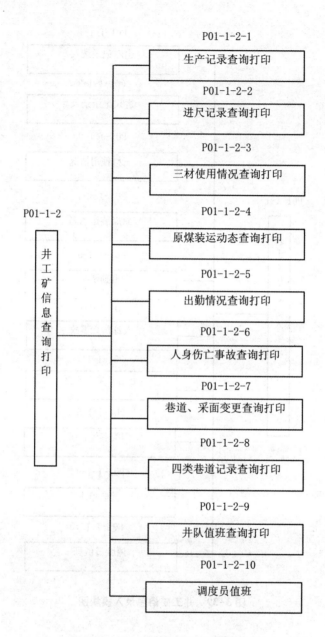

图 3-40　井工矿信息查询打印模块图

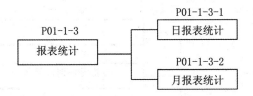

**图3-41 井工矿报表统计模块图**

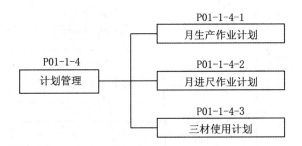

**图3-42 井工矿计划管理模块图**

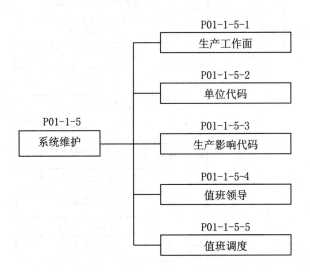

**图3-43 井工矿系统维护模块图**

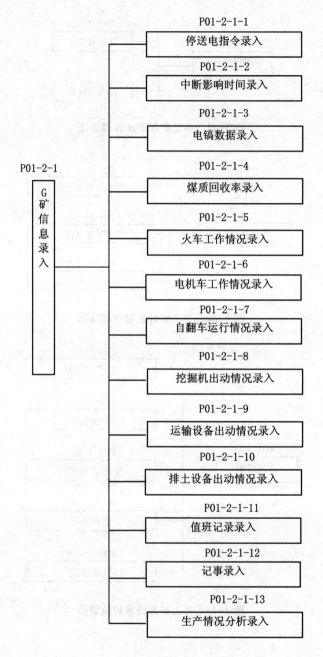

图 3-44　G 矿信息录入模块图

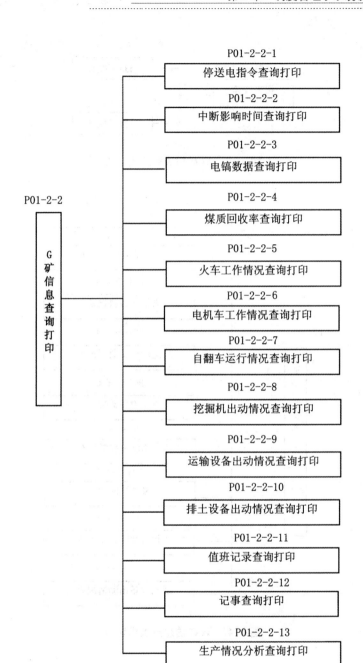

**图 3-45　G 矿信息查询打印模块图**

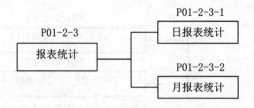

**图 3-46　G 矿报表统计模块图**

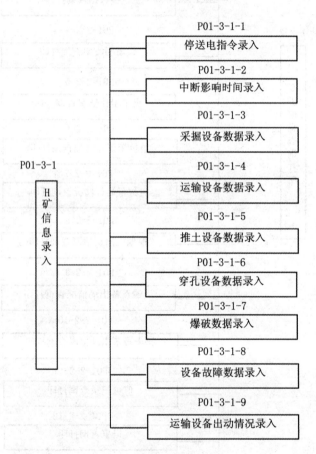

**图 3-47　H 矿信息录入模块图**

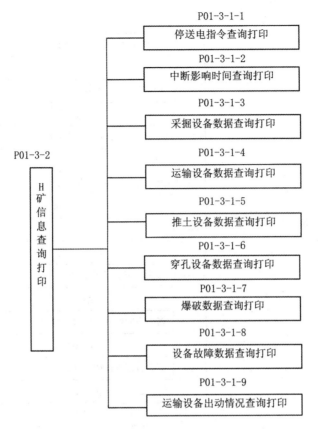

**图 3-48　H 矿信息查询打印模块图**

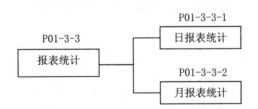

**图 3-49　H 矿报表统计模块图**

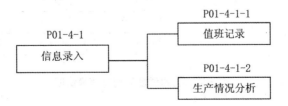

**图 3-50　公司调度信息录入模块图**

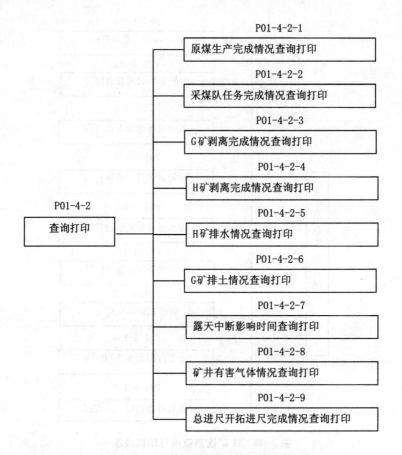

图 3-51　公司调度信息查询打印模块图

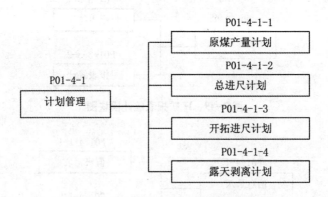

图 3-52　公司调度计划管理模块图

### 3.3.3　输入设计

输入设计是根据输出设计的要求，设计出来的以一定的格式并确保向系统提供正确信息的设计。输入设计的目标是：在保证输入信息正确的前提下，应做到输入方法简单、迅速、清楚和方便使用者，输入设计遵循如下原则：

日期、相对稳定的信息等自动插入。

许多地方，如班组、工作面等用下拉列表选择。

输入设计应尽量保持能满足处理要求的最低限度。

输入的准备及输入过程应尽量容易进行，减少错误的发生。

应尽量对输入数据进行检查，以使错误能及时改正。

根据输入特点的不同，有外部输入、内部输入、操作输入、计算机输入和交互式输入。该系统采用了外部输入、内部输入、操作输入等输入类型。

### 3.3.4　输出设计

管理信息系统只有通过输出才能为用户服务，信息系统能否为用户提供准确、及时、适用的信息是评价信息系统的优劣标准之一。因此，输出设计在整个系统设计中是至关重要的。

对输出信息的基本要求是：精确、及时而且适用。输出设计的详细步骤包括：确定输出类型与输出内容、确定输出介质与设备、进行专门的表格设计。

在对该系统的业务详细调查研究的基础上，了解到该系统主要采用外部输出——报表输出，屏幕输出——查询统计输出。使用的输出设备为激光打印机，介质为打印纸。

系统中的主要输出报表为：综合日报表、综合月报表、生产情况分析、外运情况分析、生产中断影响等。查询输出又分为报表格式查询、数据曲线图、柱状对比图及饼图等。

上述相关业务表如表 3-7 至表 3-14 所示。

### 表 3-7　原煤生产动态（班末汇报表）

编号：001　输出内容：原煤生产动态（班末汇报）

| | 三　班 | | | | | 一　班 | | | | | 二　班 | | | | |
|---|---|---|---|---|---|---|---|---|---|---|---|---|---|---|---|
| | 19 | 21 | 23 | 1 | 完成 | 3 | 5 | 7 | 9 | 吨 | 11 | 13 | 15 | 17 | 吨 |
| 矿井 | | | | | | | | | | | | | | | |
| 一井 | | | | | | | | | | | | | | | |
| 二井 | | | | | | | | | | | | | | | |
| 三井 | | | | | | | | | | | | | | | |
| 班中记事 | 值班员 | | | | | 值班员 | | | | | 值班员 | | | | |

### 表 3-8　原煤产量与构成表

编号：002　输出内容：原煤产量与构成

| | 本日 | 累计 | 本日 | 累计 | 回　采 | | | | 掘　进 | | | |
|---|---|---|---|---|---|---|---|---|---|---|---|---|
| | | | | | 本日 | 累计 | 本日 | 累计 | 本日 | 累计 | 本日 | 累计 |
| | 本　矿 | | 报　局 | | 本　矿 | | 报　局 | | 本　矿 | | 报　局 | |
| 矿井 | | | | | | | | | | | | |
| 一井 | | | | | | | | | | | | |
| 二井 | | | | | | | | | | | | |
| 三井 | | | | | | | | | | | | |

### 表 3-9　输出内容：回采工作面动态（班末汇报）

编号：003　输出内容：回采工作面动态（班末汇报）

| 队列 | 工作面代号 | 三　班 | 一　班 | 二　班 | 完成情况 | | 报　表 | |
|---|---|---|---|---|---|---|---|---|
| | | 完成 | 完成 | 完成 | 本日 | 累计 | 本日 | 累计 |
| 一井 | | | | | | | | |
| | | | | | | | | |

表3-9（续）

| 队列 | 工作面代号 | 三 班 | 完成 | 一 班 | 完成 | 二 班 | 完成 | 完成情况 本日 | 完成情况 累计 | 报 表 本日 | 报 表 累计 | |
|---|---|---|---|---|---|---|---|---|---|---|---|---|
| 二井 | | | | | | | | | | | | |
| | | | | | | | | | | | | |
| 三井 | | | | | | | | | | | | |
| | | | | | | | | | | | | |
| | | | | | | | | | | | | |

表 3-10　掘进工作面动态表

编号：004　输出内容：掘进工作面动态

| 队别 | 工作面代号 | 三班 完成 | 一班 完成 | 二班 完成 | 日 完成 |
|---|---|---|---|---|---|
| 一井 | | | | | |
| | | | | | |
| | | | | | |
| | | | | | |
| | | | | | |
| | 合计 | | | | |
| 二井 | | | | | |
| | | | | | |
| | | | | | |
| | | | | | |
| | | | | | |
| | 合计 | | | | |

表3-10(续)

| | 队别 | 工作面代号 | 三班 完成 | 一班 完成 | 二班 完成 | 日 完成 |
|---|---|---|---|---|---|---|
| 三 井 | | | | | | |
| | | | | | | |
| | | | | | | |
| | | | | | | |
| | | | | | | |
| | 合计 | | | | | |

### 表 3-11 全矿当日三材使用情况一览表

编号：005　输出内容：全矿当日三材使用情况一览表

全矿当日三材使用情况一览表

| 班次 | 单位 | 火药计划 | 火药实用 | 电管计划 | 电管实用 | 坑木计划 | 坑木实用 |
|---|---|---|---|---|---|---|---|
| 三 班 | 一井 | | | | | | |
| | 二井 | | | | | | |
| | 三井 | | | | | | |
| 一 班 | 一井 | | | | | | |
| | 二井 | | | | | | |
| | 三井 | | | | | | |
| 二 班 | 一井 | | | | | | |
| | 二井 | | | | | | |
| | 三井 | | | | | | |
| | 单位 | 火药日用 | 火药累计 | 电管日用 | 电管累计 | 坑木日用 | 坑木累计 |
| 当 日 | 一井 | | | | | | |
| | 二井 | | | | | | |
| | 三井 | | | | | | |
| | 全矿 | | | | | | |
| 备 注 | | | | | | | |

### 表 3-12　X 月份调度综合报表-1

编号：006　输出内容：X 月份调度综合报表-1

| 项目 | 单位 | 本月计划 | 本月完成情况 | | | 一月至 X 月完成情况 | | |
|---|---|---|---|---|---|---|---|---|
| | | | 旬计划 | 本月完成 | 超欠<br>（+、-） | 计划 | 实际完成 | 超欠<br>（+、-） |
| 原煤产量 | 全矿 | | | | | | | |
| | 统配 | | | | | | | |
| | 一井 | | | | | | | |
| | | | | | | | | |
| | | | | | | | | |
| | 掘进煤 | | | | | | | |
| | 二井 | | | | | | | |
| | | | | | | | | |
| | | | | | | | | |
| | 掘进煤 | | | | | | | |
| | 三井 | | | | | | | |
| | | | | | | | | |
| | | | | | | | | |
| | 掘进煤 | | | | | | | |
| 总进尺 | 全矿 | | | | | | | |
| | 一井 | | | | | | | |
| | 二井 | | | | | | | |
| | 三井 | | | | | | | |
| 开拓进尺 | 全矿 | | | | | | | |
| | 一井 | | | | | | | |
| | 二井 | | | | | | | |
| | 三井 | | | | | | | |

**表 3-13　调度综合报表-2**

编号：007　输出内容：调度综合报表-2

| 单位 | 出勤率/% | | | 媒质外运 | | | | 落地入洗 | | |
|------|------|------|------|------|------|------|------|------|------|------|
| | 生产 | 回采 | 掘进 | 灰分 | 外运量 | 平均售价 | 累计外运 | 落地 | 入洗量 | 累计入洗量 |
| 全矿 | | | | | | | | | | |
| 一井 | | | | | | | | | | |
| 二井 | | | | | | | | | | |
| 三井 | | | | | | | | | | |
| | | | | | | | | | | |

**表 3-14　中断事故影响六月份调度综合报表-3**

编号：008　输出内容：中断事故影响六月份调度综合报表-3

| 单位 | 合计 | | | 电机 | | | 溜子 | | | 其他 | | | 累计 | | |
|------|------|------|------|------|------|------|------|------|------|------|------|------|------|------|------|
| | 次 | 时 | 吨 | 次 | 时 | 吨 | 次 | 时 | 吨 | 次 | 时 | 吨 | 次 | 时 | 吨 |
| 全矿 | | | | | | | | | | | | | | | |
| 一井 | | | | | | | | | | | | | | | |
| 二井 | | | | | | | | | | | | | | | |
| 三井 | | | | | | | | | | | | | | | |

## 3.4 数据库设计

在前几节的需求分析基础上进行了数据库设计，为了让用户清楚了解及文档结构的紧凑，把数据库关系模式（画横线部分为关键字，不允许为空值，其他字段内容允许为空值）和数据字典同时来描述。数据表如表 3-15 至表 3-52 所示。

表 3-15　编号：001

| 数据项名称 | 类　型 | 实际长度 | 备　注 |
|---|---|---|---|
| 日期 | DATE | 8 | 按日期格式年/月/日 |
| 矿名 | VARCHAR2 | 8 | 系统自动插入 |
| 井名 | VARCHAR2 | 8 | 系统自动插入 |
| 队别 | VARCHAR2 | 8 | 下拉列表选择 |
| 班次 | VARCHAR2 | 1 | 下拉列表选择 |
| 工作面 | VARCHAR2 | 5 | 下拉列表选择 |
| 生产煤（1-2） | NUMBER | 5.1 | |
| 生产煤（3-4） | NUMBER | 5.1 | |
| 生产煤（5-6） | NUMBER | 5.1 | |
| 生产煤（7-8） | NUMBER | 5.1 | |
| 掘进煤（1-2） | NUMBER | 5.1 | |
| 掘进煤（3-4） | NUMBER | 5.1 | |
| 掘进煤（5-6） | NUMBER | 5.1 | |
| 掘进煤（7-8） | NUMBER | 5.1 | |
| 回采煤 | NUMBER | 5.1 | |
| 车数 | NUMBER | 3 | |
| 备注 | VARCHAR2 | 50 | |

注：生产记录［日期，矿，井，队，班，工作面，生产煤（1-2、3-4、5-6、7-8），掘进煤（1-2、3-4、5-6、7-8），回采煤，车数，备注］。

表 3-16    编号：002

| 数据项名称 | 类 型 | 实际长度 | 备 注 |
|---|---|---|---|
| 日期 | DATE | 8 | 按日期格式年/月/日 |
| 矿名 | VARCHAR2 | 8 | 系统自动插入 |
| 井名 | VARCHAR2 | 8 | 系统自动插入 |
| 队别 | VARCHAR2 | 8 | 下拉列表选择 |
| 班次 | VARCHAR2 | 1 | 下拉列表选择 |
| 工作面 | VARCHAR2 | 5 | 下拉列表选择 |
| 进尺量 | NUMBER | 5.1 | |
| 开拓进尺量 | NUMBER | 5.1 | |
| 是否重点工程 | VARCHAR2 | 2 | |
| 备注 | VARCHAR2 | 50 | |

注：进尺记录（日期，矿，井，队，班，工作面，进尺量，开拓进尺量，是否重点工程，备注）。

表 3-17    编号：003

| 数据项名称 | 类 型 | 实际长度 | 备 注 |
|---|---|---|---|
| 日期 | DATE | 8 | 按日期格式年/月/日 |
| 矿名 | VARCHAR2 | 8 | 系统自动插入 |
| 井名 | VARCHAR2 | 8 | 系统自动插入 |
| 队别 | VARCHAR2 | 8 | 下拉列表选择 |
| 班次 | VARCHAR2 | 1 | 下拉列表选择 |
| 火药 | VARCHAR2 | 5 | |
| 毫秒管 | NUMBER | 5 | |
| 瞬发管 | NUMBER | 5 | |
| 段发管 | NUMBER | 5 | |
| 坑木 | NUMBER | 5 | |

注：三材使用情况（日期，矿，井，队，班，火药，毫秒管，瞬发管，段发管，坑木）。

表 3-18    编号：004

| 数据项名称 | 类 型 | 实际长度 | 备 注 |
|---|---|---|---|
| 日期 | DATE | 8 | 按日期格式年/月/日 |
| 矿名 | VARCHAR2 | 8 | 系统自动插入 |

表3-18(续)

| 数据项名称 | 类 型 | 实际长度 | 备 注 |
|---|---|---|---|
| 井名 | VARCHAR2 | 8 | 系统自动插入 |
| 班次 | VARCHAR2 | 1 | 下拉列表选择 |
| 矿预计 | NUMBER | 7.1 | 下拉列表选择 |
| 一井预计 | NUMBER | 6.1 | |
| 采煤一队 | NUMBER | 5.1 | |
| 采煤二队 | NUMBER | 5.1 | |
| 采煤三队 | NUMBER | 5.1 | |
| 综合队 | NUMBER | 5.1 | |
| 一井仓存块煤 | NUMBER | 5.1 | |
| 一井仓存粉煤 | NUMBER | 5.1 | |
| 二井预计 | NUMBER | 6.1 | |
| 采煤一队 | NUMBER | 5.1 | |
| 采煤二队 | NUMBER | 5.1 | |
| 采煤三队 | NUMBER | 5.1 | |
| 综合队 | NUMBER | 5.1 | |
| 二井仓存块煤 | NUMBER | 5.1 | |
| 二井仓存粉煤 | NUMBER | 5.1 | |
| 三井预计 | NUMBER | 6.1 | |
| 采煤一队 | NUMBER | 5.1 | |
| 采煤二队 | NUMBER | 5.1 | |
| 采煤三队 | NUMBER | 5.1 | |
| 综合队 | NUMBER | 5.1 | |
| 三井仓存块煤 | NUMBER | 5.1 | |
| 三井仓存粉煤 | NUMBER | 5.1 | |
| 选煤场仓存 | NUMBER | 7.1 | |

注：生产条件计划及仓存〔日期，矿，班，矿预计，一井预计，采煤一队，采煤二队，采煤三队，综合队，仓存（块、粉），二井预计，采煤一队，采煤二队，采煤三队，综合队，仓存（块、粉），三井预计，采煤一队，采煤二队，采煤三队，综合队，仓存（块、粉），选煤厂〕。

表 3-19　编号：005

| 数据项名称 | 类　型 | 实际长度 | 备　注 |
|---|---|---|---|
| 日期 | DATE | 8 | 按日期格式年/月/日 |
| 矿名 | VARCHAR2 | 8 | 系统自动插入 |
| 井名 | VARCHAR2 | 8 | 系统自动插入 |
| 入洗煤时间 | DATE | 8 | 按日期格式年/月/日 |
| 入洗煤车数 | NUMBER | 4 | |
| 入洗煤吨数 | NUMBER | 5.1 | |
| 入矿时间 | DATE | 8 | 按日期格式年/月/日 |
| 外运装车单位 | VARCHAR2 | 12 | |
| 外运装车车数 | NUMBER | 4 | |
| 外运装车吨数 | NUMBER | 5 | |
| 外运装车装完时间 | DATE | 8 | 按日期格式年/月/日 |
| 外运装车井调度 | VARCHAR2 | 12 | |
| 出矿时间 | DATE | 8 | 按日期格式年/月/日 |
| 调度员 | VARCHAR2 | 12 | |

注：原煤装运动态〔日期，矿，井，入洗煤情况（时间、车数、吨数），入矿时间，外运装车情况（单位、车数、吨数、装完时间、井调度），出矿时间，调度员〕。

表 3-20　编号：006

| 数据项名称 | 类　型 | 实际长度 | 备　注 |
|---|---|---|---|
| 日期 | DATE | 8 | 按日期格式年/月/日 |
| 矿名 | VARCHAR2 | 8 | 系统自动插入 |
| 井名 | VARCHAR2 | 8 | 系统自动插入 |
| 队名 | VARCHAR2 | 8 | 下拉列表选择 |
| 班次 | VARCHAR2 | 8 | 下拉列表选择 |
| 分类 | VARCHAR2 | 8 | |
| 开始时间 | DATE | 8 | |
| 终止时间 | DATE | 8 | |
| 合计时间 | NUMBER | 8 | |
| 影响原因 | VARCHAR2 | 50 | |
| 汇报人 | VARCHAR2 | 10 | |

注：生产中断影响（日期，矿，井，队，班，分类，开始时间，终止时间，合计时间，影响原因，汇报人）。

表 3-21　编号：007

| 数据项名称 | 类　型 | 实际长度 | 备　注 |
|---|---|---|---|
| 日期 | DATE | 8 | 按日期格式年/月/日 |
| 矿名 | VARCHAR2 | 8 | 系统自动插入 |
| 井名 | VARCHAR2 | 8 | 系统自动插入 |
| 队名 | VARCHAR2 | 8 | 下拉列表选择 |
| 班次 | VARCHAR2 | 8 | 下拉列表选择 |
| 在册 | NUMBER | 5 | |
| 出勤 | NUMBER | 5 | |
| 休班 | NUMBER | 3 | |
| 事假 | NUMBER | 3 | |
| 吨米计划 | VARCHAR2 | 50 | |
| 生产条件汇报 | VARCHAR2 | 10 | |

注：出勤情况［日期，矿，井，队，班，在册，出勤，休班，事假，吨米计划，生产条件汇报］。

表 3-22　编号：008

| 数据项名称 | 类　型 | 实际长度 | 备　注 |
|---|---|---|---|
| 日期 | DATE | 8 | 按日期格式年/月/日 |
| 矿名 | VARCHAR2 | 8 | 系统自动插入 |
| 井名 | VARCHAR2 | 8 | 系统自动插入 |
| 队名 | VARCHAR2 | 8 | 下拉列表选择 |
| 班次 | VARCHAR2 | 8 | 下拉列表选择 |
| 事故人姓名 | VARCHAR2 | 12 | |
| 事故名称 | VARCHAR2 | 12 | |
| 证明人 | VARCHAR2 | 12 | |
| 事故地点 | VARCHAR2 | 20 | |
| 事故概况 | VARCHAR2 | 50 | |

注：人身伤亡事故（日期，矿，井，队，班，事故人姓名，发生事故姓名，证明人，事故地点，事故概况）。

表 3-23　编号：编号：009

| 数据项名称 | 类　型 | 实际长度 | 备　注 |
| --- | --- | --- | --- |
| 日期 | DATE | 8 | 按日期格式年/月/日 |
| 矿名 | VARCHAR2 | 8 | 系统自动插入 |
| 井名 | VARCHAR2 | 8 | 系统自动插入 |
| 队名 | VARCHAR2 | 8 | 下拉列表选择 |
| 班次 | VARCHAR2 | 8 | 下拉列表选择 |
| 原工作面 | VARCHAR2 | 5 | |
| 搬出时间 | DATE | 8 | |
| 新工作面 | VARCHAR2 | 5 | |
| 搬入时间 | DATE | 8 | |

注：输入名称：井工矿巷道、采面变更。

表 3-24　编号：010

| 数据项名称 | 类　型 | 实际长度 | 备　注 |
| --- | --- | --- | --- |
| 日期 | DATE | 8 | 按日期格式年/月/日 |
| 矿名 | VARCHAR2 | 8 | 系统自动插入 |
| 井名 | VARCHAR2 | 8 | 系统自动插入 |
| 开拓巷道 | VARCHAR2 | 12 | |
| 准备巷道 | VARCHAR2 | 12 | |
| 回采巷道 | VARCHAR2 | 12 | |
| 其他巷道 | VARCHAR2 | 12 | |
| 备注 | VARCHAR2 | 50 | |

注：四类巷道记录（日期，矿，井，开拓巷道，准备巷道，回采巷道，其他巷道，备注）。

表 3-25　编号：011

| 数据项名称 | 类　型 | 实际长度 | 备　注 |
| --- | --- | --- | --- |
| 日期 | DATE | 8 | 按日期格式年/月/日 |
| 矿名 | VARCHAR2 | 8 | 系统自动插入 |
| 井名 | VARCHAR2 | 8 | 系统自动插入 |
| 队名 | VARCHAR2 | 8 | 下拉列表选择 |
| 值班人员 | VARCHAR2 | 12 | |

注：井队值班（日期，矿，井，队，值班人员）。

表 3-26　编号：012

| 数据项名称 | 类　型 | 实际长度 | 备　　注 |
|---|---|---|---|
| 日期 | DATE | 8 | 按日期格式年/月/日 |
| 矿名 | VARCHAR2 | 8 | 系统自动插入 |
| 井名 | VARCHAR2 | 8 | 系统自动插入 |
| 队名 | VARCHAR2 | 8 | 下拉列表选择 |
| 三班 | VARCHAR2 | 8 | |
| 三班备注 | VARCHAR2 | 50 | |
| 一班 | VARCHAR2 | 8 | |
| 一班备注 | VARCHAR2 | 50 | |
| 二班 | VARCHAR2 | 8 | |
| 二班备注 | VARCHAR2 | 50 | |

注：调度员值班（日期，矿，井，队，三班，三班备注，一班，一班备注，二班，二班备注）。

表 3-27　编号：013

| 数据项名称 | 类　型 | 实际长度 | 备　　注 |
|---|---|---|---|
| 日期 | DATE | 8 | 按日期格式年/月/日 |
| 矿名 | VARCHAR2 | 8 | 系统自动插入 |
| 变电所 | VARCHAR2 | 8 | |
| 受配电号 | VARCHAR2 | 8 | |
| 停电时间 | DATE | 8 | |
| 送电时间 | DATE | 8 | |
| 日电量 | NUMBER | 8 | |

注：停送电指令（矿名，日期，变电所，受配电号，停电时间，送电时间，日电量）。

表 3-28　编号：014

| 数据项名称 | 类　型 | 实际长度 | 备　　注 |
|---|---|---|---|
| 日期 | DATE | 8 | 按日期格式年/月/日 |
| 矿名 | VARCHAR2 | 8 | 系统自动插入 |
| 分类 | VARCHAR2 | 8 | |
| 开始时间 | VARCHAR2 | 8 | |
| 终止时间 | DATE | 8 | |
| 送电时间 | DATE | 8 | |

表3-28(续)

| 数据项名称 | 类　型 | 实际长度 | 备　　注 |
|---|---|---|---|
| 合计时间 | NUMBER | 8 | |
| 影响原因 | VARCHAR2 | 50 | |
| 汇报人 | VARCHAR2 | 12 | |

注：中断影响时间（日期，矿，分类，开始时间，终止时间，合计时间，影响原因，汇报人）。

表 3-29　编号：015

| 数据项名称 | 类　型 | 实际长度 | 备　　注 |
|---|---|---|---|
| 日期 | DATE | 8 | 按日期格式年/月/日 |
| 班次 | VARCHAR2 | 8 | 下拉列表选择 |
| 镐号 | VARCHAR2 | 8 | |
| 平盘 | VARCHAR2 | 8 | |
| 排数 | NUMBER | 5 | |
| 车数 | NUMBER | 5 | |
| 剥离土量 | NUMBER | 8.1 | |
| 剥离岩量（中硬岩） | NUMBER | 8.1 | |
| 剥离岩量（玄武岩） | NUMBER | 8.1 | |
| 内剥离 | NUMBER | 8.1 | |
| 采煤量 | NUMBER | 8.1 | |

注：电镐数据［日期，班次，镐号，平盘，排数，车数，剥离土量，剥离岩量（中硬岩、玄武岩），内剥离，采煤量］。

表 3-30　编号：016

| 数据项名称 | 类　型 | 实际长度 | 备　　注 |
|---|---|---|---|
| 日期 | DATE | 8 | 按日期格式年/月/日 |
| 矿名 | VARCHAR2 | 8 | 系统自动插入 |
| 含煤率 | NUMBER | 5.1 | |
| 选煤场车数 | NUMBER | 5 | |
| 手选场车数 | NUMBER | 5 | |
| 其他车数 | NUMBER | 5 | |

注：煤质回收率（矿，日期，含煤率，选煤场车数，手选场车数，其他车数）。

**表 3-31　编号：017**

| 数据项名称 | 类　　型 | 实际长度 | 备　　注 |
|---|---|---|---|
| 日期 | DATE | 8 | 按日期格式年/月/日 |
| 矿名 | VARCHAR2 | 8 | 系统自动插入 |
| 车号 | VARCHAR2 | 8 | |
| 班次 | VARCHAR2 | 8 | 下拉列表选择 |
| 运行情况 采剥 | NUMBER | 5 | 分钟数 |
| 运行情况 杂业 | NUMBER | 5 | 分钟数 |
| 运行情况 洗检 | NUMBER | 5 | 分钟数 |
| 运行情况 故修 | NUMBER | 5 | 分钟数 |
| 运行情况 小修 | NUMBER | 5 | 分钟数 |
| 运行情况 预备 | NUMBER | 5 | 分钟数 |
| 运行情况 架修 | NUMBER | 5 | 分钟数 |
| 运行情况 待修 | NUMBER | 5 | 分钟数 |
| 运行情况 脱轨 | NUMBER | 5 | 分钟数 |
| 运行情况 线路 | NUMBER | 5 | 分钟数 |
| 运行情况 封存 | NUMBER | 5 | 分钟数 |
| 运行情况 其他 | NUMBER | 5 | 分钟数 |

注：火车工作情况〔矿，日期，车号，班次，运行情况（采剥、杂业、洗检、故修、小修、预备、架修、待修、脱轨、线路、封存、其他）〕。

**表 3-32　编号：018**

| 数据项名称 | 类　　型 | 实际长度 | 备　　注 |
|---|---|---|---|
| 日期 | DATE | 8 | 按日期格式年/月/日 |
| 矿名 | VARCHAR2 | 8 | 系统自动插入 |
| 车号 | VARCHAR2 | 8 | |
| 班次 | VARCHAR2 | 8 | 下拉列表选择 |
| 运行情况 采剥 | NUMBER | 5 | 分钟数 |
| 运行情况 杂业 | NUMBER | 5 | 分钟数 |
| 运行情况 预备 | NUMBER | 5 | 分钟数 |
| 运行情况 外委大修 | NUMBER | 5 | 分钟数 |
| 运行情况 年检矿内 | NUMBER | 5 | 分钟数 |
| 运行情况 定检半月 | NUMBER | 5 | 分钟数 |

表3-32（续）

| 数据项名称 | 类型 | 实际长度 | 备注 |
|---|---|---|---|
| 运行情况 小修 | NUMBER | 5 | 分钟数 |
| 运行情况 故修 | NUMBER | 5 | 分钟数 |
| 运行情况 待修 | NUMBER | 5 | 分钟数 |
| 运行情况 线路 | NUMBER | 5 | 分钟数 |
| 运行情况 镐影响 | NUMBER | 5 | 分钟数 |
| 运行情况 架线影响 | NUMBER | 5 | 分钟数 |
| 运行情况 停电 | NUMBER | 5 | 分钟数 |
| 运行情况 脱轨 | NUMBER | 5 | 分钟数 |
| 运行情况 立车 | NUMBER | 5 | 分钟数 |
| 运行情况 封存 | NUMBER | 5 | 分钟数 |
| 运行情况 其他 | NUMBER | 5 | 分钟数 |

注：电机车工作情况［矿，日期，车号，班次，运行情况（采剥、杂业、预备、外委大修、年检矿内、定检半月、小修、故修、待修、线路、镐影响、架线影响、停电、脱轨、立车、封存、其他）］。

表3-33 编号：019

| 数据项名称 | 类型 | 实际长度 | 备注 |
|---|---|---|---|
| 日期 | DATE | 8 | 按日期格式年/月/日 |
| 矿名 | VARCHAR2 | 8 | 系统自动插入 |
| 车号 | VARCHAR2 | 8 | |
| 班次 | VARCHAR2 | 8 | 下拉列表选择 |
| 运行情况 采剥 | NUMBER | 5 | 分钟数 |
| 运行情况 杂业 | NUMBER | 5 | 分钟数 |
| 运行情况 外委 | NUMBER | 5 | 分钟数 |
| 运行情况 年修 | NUMBER | 5 | 分钟数 |
| 运行情况 封存 | NUMBER | 5 | 分钟数 |
| 运行情况 小修 | NUMBER | 5 | 分钟数 |
| 运行情况 待修 | NUMBER | 5 | 分钟数 |
| 运行情况 预备 | NUMBER | 5 | 分钟数 |
| 运行情况 其他 | NUMBER | 5 | 分钟数 |

注：自翻车运行情况［矿，日期，车号，班次，运行情况（采剥、杂业、外委、年修、封存、小修、待修、预备、其他）］。

表 3-34 编号：020

| 数据项名称 | 类　型 | 实际长度 | 备　注 |
|---|---|---|---|
| 日期 | DATE | 8 | 按日期格式年/月/日 |
| 白班出动 | NUMBER | 3 | 台数 |
| 白班实动 | NUMBER | 3 | 台数 |
| 夜班出动 | NUMBER | 3 | 台数 |
| 夜班实动 | NUMBER | 3 | 台数 |

注：挖掘机出动情况（日期，白班出动，白班实动，夜班出动，夜班实动）。

表 3-35 编号：021

| 数据项名称 | 类　型 | 实际长度 | 备　注 |
|---|---|---|---|
| 日期 | DATE | 8 | 按日期格式年/月/日 |
| 班次 | VARCHAR2 | 8 | 下拉列表选择 |
| 工种 | VARCHAR2 | 4 | 下拉列表选择 |
| 电车 | NUMBER | 3 | 台数 |
| 火车 | NUMBER | 3 | 台数 |
| 自翻车 | NUMBER | 3 | 台数 |
| 专用车 | NUMBER | 3 | 台数 |
| 平板 | NUMBER | 3 | 台数 |
| 推土犁 | NUMBER | 3 | 台数 |
| 客车 | NUMBER | 3 | 台数 |
| 吊车 | NUMBER | 3 | 台数 |

注：运输设备出动情况［日期，班次，工种（剥离、采煤、杂业、故修），电车，火车，自翻车，专用车，平板，推土犁，客车，吊车］。

表 3-36 编号：022

| 数据项名称 | 类　型 | 实际长度 | 备　注 |
|---|---|---|---|
| 日期 | DATE | 8 | 按日期格式年/月/日 |
| 白班出动 | NUMBER | 3 | 台数 |
| 白班实动 | NUMBER | 3 | 台数 |
| 夜班出动 | NUMBER | 3 | 台数 |
| 夜班实动 | NUMBER | 3 | 台数 |

注：排土设备出动情况（日期，白班出动，白班实动，夜班出动，夜班实动）。

表 3-37　编号：023

| 数据项名称 | 类　型 | 实际长度 | 备　注 |
|---|---|---|---|
| 日期 | DATE | 8 | 按日期格式年/月/日 |
| 班次 | VARCHAR2 | 8 | 下拉列表选择 |
| 平盘位置 | VARCHAR2 | 12 | |
| 线号 | VARCHAR2 | 8 | |
| 实际完成 | NUMBER | 5 | |

注：排土数据（<u>日期</u>，<u>班次</u>，平盘位置，线号，实际完成）。

表 3-38　编号：024

| 数据项名称 | 类　型 | 实际长度 | 备　注 |
|---|---|---|---|
| 日期 | DATE | 8 | 按日期格式年/月/日 |
| 单位 | VARCHAR2 | 8 | |
| 姓名 | VARCHAR2 | 12 | |
| 报到时间 | DATE | 8 | |
| 电话 | VARCHAR2 | 12 | |

注：值班记录（<u>日期</u>，<u>单位</u>，<u>姓名</u>，报到时间，电话）。

表 3-39　编号：025

| 数据项名称 | 类　型 | 实际长度 | 备　注 |
|---|---|---|---|
| 日期 | DATE | 8 | 按日期格式年/月/日 |
| 白班记事 | VARCHAR2 | 150 | |
| 夜班记事 | VARCHAR2 | 150 | |
| 领导指示 | VARCHAR2 | 150 | |
| 上级通知 | VARCHAR2 | 150 | |

注：记事（<u>日期</u>，白班记事，夜班记事，领导指示，上级通知）。

表 3-40　编号：026

| 数据项名称 | 类　型 | 实际长度 | 备　注 |
|---|---|---|---|
| 日期 | DATE | 8 | 按日期格式年/月/日 |
| 情况分析 | VARCHAR2 | 550 | |

注：生产情况分析（<u>日期</u>，情况分析）。

表 3-41　编号：027

| 数据项名称 | 类型 | 实际长度 | 备　注 |
| --- | --- | --- | --- |
| 日期 | DATE | 8 | 按日期格式年/月/日 |
| 停电时间 | VARCHAR2 | 5 | 按时-分格式 |
| 送电时间 | VARCHAR2 | 5 | 按时-分格式 |
| 配出线 | VARCHAR2 | 8 | |

注：H 矿停送电指令（日期，配出线，停电时间，送电时间）。

表 3-42　编号：028

| 数据项名称 | 类型 | 实际长度 | 备　注 |
| --- | --- | --- | --- |
| 日期 | DATE | 8 | 按日期格式年/月/日 |
| 班次 | VARCHAR2 | 6 | 下拉列表选择 |
| 设备号 | VARCHAR2 | 10 | 下拉列表选择 |
| 作业平盘 | VARCHAR2 | 12 | 下拉列表选择 |
| 采煤数量 | NUMBER | 8 | |
| 采岩数量 | NUMBER | 8 | |
| 备注 | VARCHAR2 | 20 | |

注：H 矿采掘设备生产数据（日期，班次，设备号，作业平盘，采煤数量，采岩数量，备注）。

表 3-43　编号：029

| 数据项名称 | 类型 | 实际长度 | 备　注 |
| --- | --- | --- | --- |
| 日期 | DATE | 8 | 按日期格式年/月/日 |
| 班次 | VARCHAR2 | 6 | 下拉列表选择 |
| 设备号 | VARCHAR2 | 10 | 下拉列表选择 |
| 服务镐号 | VARCHAR2 | 10 | 下拉列表选择 |
| 运煤数量 | NUMBER | 8 | |
| 运岩数量 | NUMBER | 8 | |
| 备注 | VARCHAR2 | 20 | |

注：H 矿运输设备生产数据（日期，班次，设备号，服务镐号，运煤数量，运岩数量，备注）。

表 3-44　编号：030

| 数据项名称 | 类型 | 实际长度 | 备　注 |
|---|---|---|---|
| 日期 | DATE | 8 | 按日期格式年/月/日 |
| 班次 | VARCHAR2 | 6 | 下拉列表选择 |
| 设备号 | VARCHAR2 | 10 | 下拉列表选择 |
| 作业平盘 | VARCHAR2 | 12 | 下拉列表选择 |
| 爆破方式 | VARCHAR2 | 8 | 下拉列表选择 |
| 煤进米 | NUMBER | 5 | |
| 岩进米 | NUMBER | 5 | |
| 备注 | VARCHAR2 | 20 | |

注：H 矿穿孔设备生产数据（日期，班次，设备号，作业平盘，爆破方式，煤进米，岩进米，备注）。

表 3-45　编号：031

| 数据项名称 | 类型 | 实际长度 | 备　注 |
|---|---|---|---|
| 日期 | DATE | 8 | 按日期格式年/月/日 |
| 班次 | VARCHAR2 | 6 | 下拉列表选择 |
| 煤成孔爆破量 | NUMBER | 5 | |
| 岩成孔爆破量 | NUMBER | 5 | |
| 二次爆破量 | NUMBER | 5 | |
| 峒室爆破量 | NUMBER | 5 | |
| 冻土爆破量 | NUMBER | 5 | |

注：H 矿爆破工程数据（日期，班次，煤成孔爆破量，岩成孔爆破量，二次爆破量，峒室爆破量，冻土爆破量）。

表 3-46　编号：032

| 数据项名称 | 类　型 | 实际长度 | 备　注 |
|---|---|---|---|
| 日期 | DATE | 8 | 按日期格式年/月/日 |
| 班次 | VARCHAR2 | 6 | 下拉列表选择 |
| 设备号 | VARCHAR2 | 10 | 下拉列表选择 |
| 故障源代码 | VARCHAR2 | 3 | 下拉列表选择 |
| 开始时间 | T | 8 | |
| 终止时间 | T | 8 | |
| 备注 | VARCHAR2 | 20 | |

注：H 矿设备故障（日期，班次，设备号，故障源代码，开始时间，终止时间，备注）。

表 3-47　编号：033

| 数据项名称 | 类　型 | 实际长度 | 备　注 |
| --- | --- | --- | --- |
| 日期 | DATE | 8 | 按日期格式年/月/日 |
| 单位 | VARCHAR2 | 8 | |
| 值班调度 | VARCHAR2 | 12 | |
| 值班领导 | VARCHAR2 | 12 | |

注：值班记录（日期，单位，值班调度，值班领导）。

表 3-48　编号：034

| 数据项名称 | 类　型 | 实际长度 | 备　注 |
| --- | --- | --- | --- |
| 日期 | DATE | 8 | 按日期格式年/月/日 |
| 班次 | VARCHAR2 | 8 | 下拉列表选择 |
| 情况分析 | VARCHAR2 | 150 | |
| 调度员 | VARCHAR2 | 12 | |

注：生产情况分析（日期，班次，情况分析，调度员）。

表 3-49　编号：035

| 数据项名称 | 类　型 | 实际长度 | 备　注 |
| --- | --- | --- | --- |
| 日期 | DATE | 8 | 按日期格式年/月/日 |
| 矿名 | VARCHAR2 | 8 | 系统自动插入 |
| 井名 | VARCHAR2 | 8 | 下拉列表选择 |
| 月计划 | NUMBER | 8.1 | |

注：原煤产量计划表（日期，矿，井，月计划）。

表 3-50　编号：036

| 数据项名称 | 类　型 | 实际长度 | 备　注 |
| --- | --- | --- | --- |
| 日期 | DATE | 8 | 按日期格式年/月/日 |
| 矿名 | VARCHAR2 | 8 | 系统自动插入 |
| 井名 | VARCHAR2 | 8 | 下拉列表选择 |
| 月计划 | NUMBER | 8.1 | |

注：总进尺计划表（日期，矿，井，月计划）。

表 3-51    编号：037

| 数据项名称 | 类　型 | 实际长度 | 备　注 |
|---|---|---|---|
| 日期 | DATE | 8 | 按日期格式年/月/日 |
| 矿名 | VARCHAR2 | 8 | 系统自动插入 |
| 井名 | VARCHAR2 | 8 | 下拉列表选择 |
| 月计划 | NUMBER | 8.1 | |

注：开拓进尺计划表（日期，矿，井，月计划）。

表 3-52    编号：038

| 数据项名称 | 类　型 | 实际长度 | 备　注 |
|---|---|---|---|
| 日期 | DATE | 8 | 按日期格式年/月/日 |
| 矿名 | VARCHAR2 | 8 | 系统自动插入 |
| 月计划 | NUMBER | 8.1 | |

注：露天剥离计划表（日期，矿，井，月计划）。

 3.5  本章小结

　　本章讨论了矿业生产管理系统中的调度管理子系统的设计。主要包括需求分析、目标系统的概要设计、详细设计和数据库设计。需求分析主要从系统目标、组织机构及业务范围、业务流程描述、系统存在的问题及薄弱环节分析和需求分析原则几个方面进行论述。目标系统的概要设计包括系统目标和功能确认、数据流程图（简称 DFD）及功能分析。详细设计包括代码设计、功能模块设计、输入设计和输出设计。数据库设计所给出了表结构和字段信息。这里需要强调的是，目前的矿业生产管理系统往往是在矿企原有系统基础上改造而来，少有完全新建系统。因此本章也介绍了现有系统可能存在的问题，并提出改造意见，后续章节的各业务流程管理系统设计也存在这种情况。

# 第4章　物资供应管理子系统设计

## 4.1　物资供应情况分析

### 4.1.1　物资供应概况

当今人类社会已进入了信息时代，人类的所有活动领域都离不开复杂而庞大的信息网，信息技术已成为其他各种技术的基础。随着各行业信息量的日益增大、信息复杂度的加大及各行业间信息交流日趋频繁，传统的信息管理方式已无法满足当今社会对信息的各种处理需求。因此，许多行业都建立了自己的管理信息系统对信息资源进行管理来提高自身的竞争力。

管理信息系统（management information system，MIS）是一个由管理人员和计算机及其软件等组成的能对管理信息进行搜集、传递、存储、加工、维护和使用的系统。管理信息系统能实时了解单位的各种运行情况，利用过去的数据预测未来，从全局出发帮助企业进行决策，利用信息控制企业行为，帮助企业实现其最优经营目标。一个 MIS 系统应该是一体化或集成的系统，它应从企业的信息管理总体出发，全面考虑。这样可保证各种信息共享，使信息成为企业的重要资源。

随着我国工业的发展和科技的进步，建立和实现计算机化的管理信息系统已经成为当前企业现代化管理的迫切要求。同时，成为衡量现代化企业管理水平的重要标志。

煤矿物资供应在煤矿工业的生产建设中占有很重要的地位，煤炭企业重组以后，煤业公司的物资供应方式与原来存续企业发生了很大的变化，突出表现在人员少，工作量大，采购周期短，周转速度快。如何有效地提高物资采购工作效率，提高管理水平，加强廉政建设，确保新形式下煤炭生产对物资供应的要求是当下应考虑的问题。供应处是下属的一个二级单位，承担着各生产单位和附属非生产部门的物资采购供应与管理工作。供应处在这些方面进行了积极的尝试，将新的企业管理思想运用到了企业实际的物资管理活动过程之中，试图利用网络信息技术，创建"物资管理信息系统"改造物资采购运作流程，以获得显著的效果。

### 4.1.2　企业组织结构介绍

按照公司实行集约化经营、集中统一服务的要求，物资供应处结合目前实际情况，以实现物资供应、管理相结合、发挥效益。机构设置分为机关和基层两部分。机关设有计划部、信息价审部、采购部、质检部和仓库；基层设有 B 矿供应站、G 矿供应站、C 矿供应站、F 矿供应站、D 矿供应站、A 矿供应站、A 矿露天矿供应站和 E 矿供应站、J 矿供应站、运输部和总机厂。供应站分别设在各厂矿，服务网点覆盖了整个矿区。其组织结构图如图 4-1 所示。

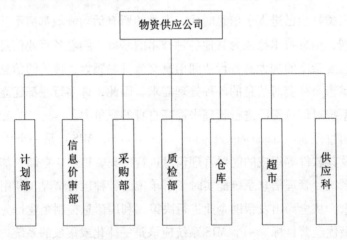

**图 4-1　企业组织结构图**

## 4.2　系统调研

系统调研是系统开发工作中重要的环节之一，这一步工作的质量对整个开发工作的成败起着决定性的作用。新系统是在现行系统的基础上经过改造和重建而得到的。因此，在新系统的分析和设计工作前，必须对现行系统做全面的、充分的调查研究和分析。这个阶段为新系统开发准备了重要的原始资料，通过调查可以获得现行系统现状、用户对新系统的需求状况、新系统目标等许多重要信息。

## 4.2.1　现行系统概述

物资供应管理工作主要包括计划管理、信息价审、物资采购、物资验收、库存管理等工作。工作范围覆盖公司八个矿级生产单位和两个非生产单位。目前管理工作仍然是以手工为主，局部结合 Office 工具的落后工作模式。其特点是数据工作量大，而且很多信息属于重复信息，数据出错率很高，尤其表现在计划管理和信息价审两个工作模块中。其中的仓库管理也没有实现信息化管理，物资库存信息不能及时反馈，以致造成大量物资积压。

针对供应处目前存在的一系列问题，上下领导及员工都希望能有一套满足企业自身特点，易用的软件代替大量的手工操作，使企业的信息建设和管理水平上一个新的台阶。新的系统不是单纯地对手工作业的模拟，而是融入企业现代化管理思想和先进的物资供应管理手段，将企业物流环节有机地联系在一起，使得企业对物流流程的管理更加科学、规范、高效。

## 4.2.2　系统现状

物资供应处坚持以市场为导向，以效益为中心，以增强企业竞争能力为目的，继续深化企业改革，加快企业技术改造步伐；全面加强科学管理，优化内部组织、提高工作效率，以求真正实现统一管理，全面服务于生产。

尽管供应处急切期望能实现信息化管理，但公司始终没有一套适合自身的管理信息系统，虽然是使用过一些成熟的财务软件，但其他部门对计算机的使用仍然局限于日常的办公软件，例如，许多部门大量的业务处理要靠手工来完成，采购计划的制订、商品的出入库登记，都需要手写大量的单据而且大多是重复填写的数据，工作强度大，出错概率高。另外，库存的盘点要靠人工来完成，不能及时地向管理人员提供库存信息及各种报表来帮助管理人员进行决策，这样往往会导致该进的商品不能及时采购，影响了采购计划的实施，而不该采购的或该少量采购的却订购了，造成库存的积压。而采购方面制订价格，销售方面的成本核算同样也存在问题。

## 4.2.3　现行系统业务活动分析

经过详细调查，物资供应处的物资供应业务可大致划分为以下几部分：计划管理、信息价审管理、采购管理、物资验收管理、库存管理等工作。现分述如下。

（1）计划管理

① 编制物资供应计划。

计划部每月按照规定时间收集整理各使用单位的需用计划。

汇总编制出全公司的物资需求计划。

充分平衡全公司库存，进行统一的平衡调度。重点考虑可利用的现有超储积压物资、自制产品和可替代物资的利用。

编制出当月的物资采购计划，把生产急需的物资计划加以说明。

提出当月需要计划的主要物资落实情况。

将采购计划报送业务主管领导审核批准。

将业务主管领导意见汇总后，形成新的物资采购计划，报送分管领导进行审批。

② 确定物资采购方式。

依据各方面情况和物资采购计划，提出本月物资采购的主要形式：招议标、比价、委托、超市。填写"比价采购询价表"和"比价采购渠道登记表"。

对招议标采购的物资，由计划部收集有关的资料，填写"招议标采购登记表"，经分管领导批准后，履行招议标采购程序。

委托采购的物资，填写"委托采购通知单"，然后委托相关部门进行采购。

超市物资使用分配，由计划部下达"超市物资领用通知单"后执行。

③ 企业内部物资的综合管理。

主要包括：资源分配管理、消耗管理、储备管理、综合统计分析。

工作重点是基层调查，全面掌握全公司的物资供应情况，根据各个时期、阶段的要求，总结和撰写有关物资供应工作的专题报告和小结。掌握全公司物资动态和消耗规律及下一个循环阶段的物资需求情况。

（2）信息价审管理

① 招议标采购。

根据计划部提出的物资招议标采购方式，整理有关资料形成招议标的文字材料，行使招议标采购物资领导小组办公室职能。

报请招议标采购领导小组审批，重点审查渠道、厂商家资质和搞清招议标采购物资的特殊技术要求及评标方案。

经公司经理审批后，价审部会同采购部具体组织各有关部门正式召开招议标采购会议。

确定中标单位，整理备忘录，报请经理批准后，下达"物资采购通知单"，进入物资采购的实质操作阶段。

② 比价采购物资。

填写"比价采购审批表"，审批后，进行传真、网络询价，整理出完整的询价资料。

将询价单进行分割，分急特、正常类型。

③ 委托采购部分。

由计划部下达委托采购通知单，委托单位采购业务完成后，报价审部审查询价情况，填写意见，最后报业务主管经理审批，进入审计过程。

④ 定期整理出"物资采购渠道目录"，发至有关部门，对整个比价过程形成有效监督。

⑤ 物资采购审计。

主要是物资采购合同审计和物资采购发票审计。具体内容按物资采购审计制度审计。

（3）采购管理

① 商务谈判阶段。

采购部接到物资采购通知单后，按采购通知单具体要求，通过面议、传真、电话等方式，商谈价格、运输方式、付款方式等，切实落办供货事宜。

整理商务谈判备忘录。

② 草拟商务合同。

由采购部按商务谈判的内容和最终结果草拟物资采购合同。

草拟合同的事先审计。价审部按备忘录进行审计。

③ 实施物资采购。

签订物资采购合同，实施物资采购。

下达"物资到货验收单"，通知质检部门进行验收和质量检验。

在采购物资经质检部验收合格后，实施相关的物资采购借款、挂账等工作。

④ 资料整理，信息反馈。

随时整理"物资采购落实情况报表"，将此信息反馈给计划部，由计划部实施物资分配和使用管理。

及时反馈厂商家的各种信息资料给价审部。重点是在商务谈判中可能发现的新的供货厂商家方面的信息。也是对本轮采购方式中确定厂商家的制约和新渠道的补充。

如在商务谈判中发现重大价格差异和质量问题，可以直接向经理提出复议建议。

（4）物资验收管理

① 质检部接到"物资到货验收单"后，初步审核验收单的填写情况。

② 质检部组织质检验收人员，对到货物资进行初检。

③ 发现存在问题时，组织计划、采购部门及有关专业技术人员进行联合验收。

④ 公司内部联合质检人员验收，仍发现存在问题，由质检部提出新的质检验收意见，与厂家联合验收。仍验收不合格的，通知采购部组织退货或更换。

⑤ 质检验收合格后，质检部加盖物资验收专用章，通知仓库做物资入库处理。

⑥ 质检验收合格后，马上填报"物资到货统计表"及时报计划部，掌握物资的真实具体情况，实行物资的分配、管理。与此同时，质检部整理和记录物资厂商家的"技术质量跟踪档案"，将有关资料反馈给计划、价审和采购部门。为下一次进货选厂提供资料，最后，从计划、价审、采购到质检形成比较完整的质量跟踪网络。

（5）库存管理

① 接到"物资验收入库单"后，报管员负责验收入库，进行正常的物资仓库管理。

② 出库管理：查验是否有"物资出库单"，正常情况下，无出库单时拒发。对急需物资需办理临时出库时，须经公司主管领导批准后，方可办理。

③ 其他几项管理工作：

库存账务管理；

库位管理；

库存物资盘点；

库损统计处理。填制相应的处理报告单，按规定审批权限，报请有关领导审批，进入正常的财务核销。

统计分析。主要包括"物资出入库月、周报表"和"库存实物量统计报表"。

业务组在按照采购单进行物资采购时，需要由供需双方签订订货合同。不签订合同的，也需签具有法律效应的协议书。

凡按照国家规定签订的工矿产品购销合同，纳入商务合同管理台账，并由供应科监督执行，跟踪管理。

（6）总结

物资供应占用了企业很大一部分的流动资金，物资的结构性超储和短缺是造成企业流动资金紧张、资金周转不灵的主要原因，严重影响企业的生产和经营活动。而且随着互联网、ERP、电子商务等信息技术在企业中的应用，企业的竞争模式发生了根本变化，21 世纪市场竞争已由单个企业之间的竞争演变为供应链之间的竞争。供应链上各个环节的企业通过信息技术可以实现信息和资源的共享和相互渗透，达到优势互补的目的，从而能更有效地向市场提供产品和服务、增强市场竞争实力。对于一个以原料生产为主的企业而言，开发一套适合于自己的物资供应管理信息系统，已经日益成为企业参与市场竞争的一项非常重要的手段。它可以动态反映生产所需原材料的采购、库存信息，保证合理库存，降低库存水平，同时，可以有效减少库存资金占用；此外，通过对原材料收、发、存信息的统计分析，可以方便地实现手工条件下无法实现的各种统计分析，为管理决策提供有效信息，提高管理水平，例如，分产品、分部门分析原材料的消耗情况及报废、工艺更新等原因造成的原材料消耗、积压的情况等。目前很多企业在日常的运作和管理中都提出要求建立先进的物资供应管理信息系统。

## 4.2.4　系统业务流程

① 流程图使用的各种符号和含义描述如图 4-2 所示。

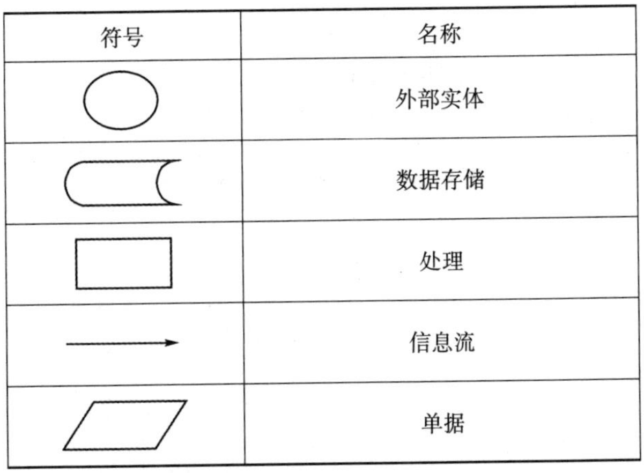

| 符号 | 名称 |
|---|---|
| ⬭ | 外部实体 |
| ⟋▢⟍ | 数据存储 |
| ▭ | 处理 |
| ⟶ | 信息流 |
| ▱ | 单据 |

图 4-2　流程图使用的各种符号和含义

② 现行业务流程图如图 4-3 至图 4-8 所示。

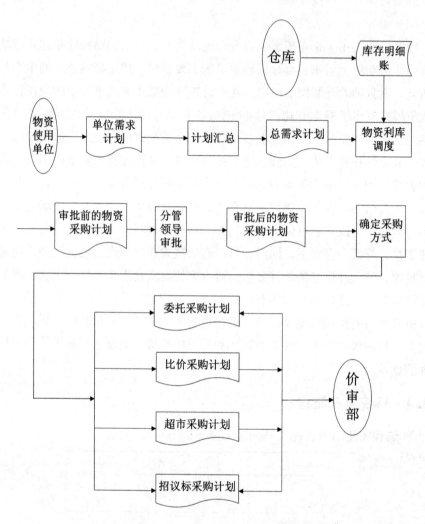

图 4-3　计划管理业务流程图

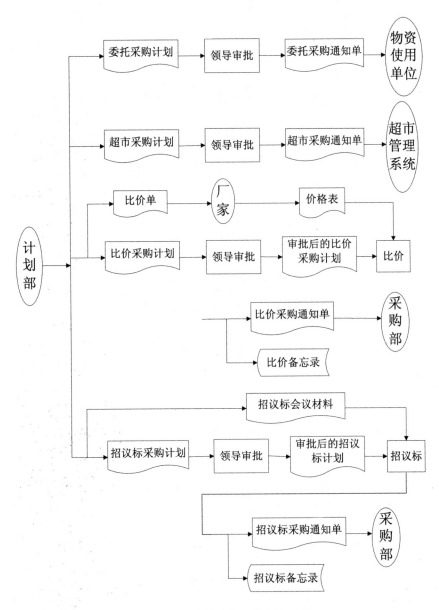

图 4-4　信息价审管理业务流程图

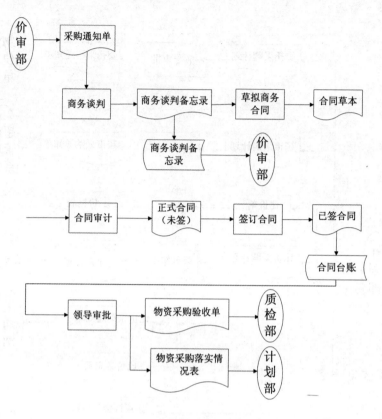

图 4-5　采购管理业务流程图

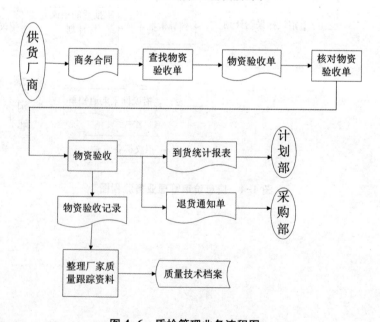

图 4-6　质检管理业务流程图

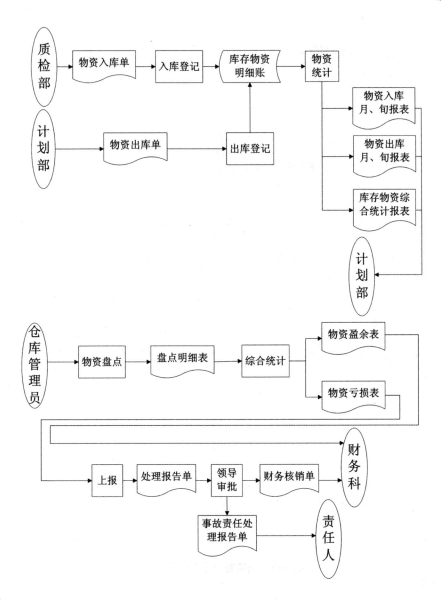

图 4-7　库存管理业务流程图

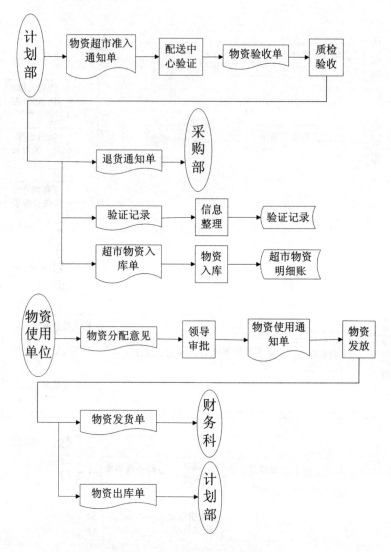

图 4-8　采购管理业务流程图

## 4.2.5　现行系统的缺点

从上面可以看出，物资供应处管理活动需要五个部门的相互联系、相互配合方可以完成。这就对数据的集中、集成、统一、共享提出了很高的要求。而现行系统中这些方面却受到相关因素的制约，主要表现在以下几个方面。

（1）数据比较分散、不规范

整个供应处日常工作的内容构成一个系统，各部门之间相互联系，相互依赖，通过信息关联来完成日常办公，它们之间密不可分、构成一个整体。但是，由于工作方式落后，仍然采用落后的手工处理方式，而且各个部门之间相同的数据信息却使用了不同的数据格式，这对部门之间的数据共享与传递造成了不必要的麻烦。各部门之间的数据来往被破坏，尽管通过大量的劳动编制各类报表还能勉强满足当前的需求，但是关于同一个主题的数据却分布在各部门的子系统中，而且非常分散，这给统计、决策、制订计划造成许多麻烦，必须从各不同的部门搜集，这样费时费力，结果还不能保证十分准确。

（2）数据难以集成

由数据分散这个缺点，数据分布在各部门，就使得对某主题的数据就很难集成。以经济主题为例：要预算下一年度物资采购占用资金情况，那么，首先得根据产业划分的规则和计算原理，从各个部门收集相关数据，通过计算往年的资金占用情况，采用预测方法，来预测下一年的总资金。

（3）数据不一致

尽管供应处为了统一全局的物资代码使用，已经采用了全国统一的物资代码表，而且也已经在实际中应用，但其他方面的数据仍存在着数据不一致的问题。如各矿有时候在上报物资采购计划的时候，并不是按照物资代码填写，而是填写物资的名称，而不同的厂矿对统一物资有不同的名称，这就给物资计划统计人员带来工作上的麻烦。

（4）数据无法实时保持

现行系统中计划的上报、审批、采购等活动都是在不同部门完成的。这些活动过程之间的数据传递经常出现时间滞后的现象，这都是纯手工操作造成的后果。例如各厂矿在向处里上报物资采购计划时经常由于人为的因素而使得信息不能及时传递，直接影响计划的制订及相关业务活动。

## 4.2.6　系统的目标

新系统是根据物资供应处的实际业务过程开发的，本着以提高生产效率、改进业务流程为根本目的，结合先进的系统开发技术，将目前实行的纯手工管理模式逐步转化为以计算机辅助为主的现代信息管理模式。从而简化了业务流程，达到了提高经济效益的最终目的。

该系统中仍旧按照原有管理模式，将生产管理过程划分为计划管理、信息价审管理、采购管理、物资验收管理和库存管理五个模块。在程序中这些流程都对应相应的数据录入、修改、查询等功能。

新系统中使用了"自动统计""自动合计"等功能，这样就消除了人工计算中可能发生的计算错误，解决了操作员不能适应新型管理系统的问题。使客户使用的时候可以得心应手。总之，新系统基本上实现了企业生产的自动管理，方便了客户操作的同时提高了生产效率和经济效益。

#  4.3 系统分析

系统分析是系统开发中的关键工作阶段，它确定了新系统的逻辑功能，是系统设计和系统实施的基础。它的主要任务是将系统调查中所得到的文档资料集中，对组织内部整体管理状况和信息处理过程进行分析、优化，将业务流程图转化为程序员能理解的数据流程图，再用数据字典对数据流程图进行注解，使程序员能拿到系统分析的结果后就能独立编程。

## 4.3.1 数据流程图

在具体模型的基础上，抽象的当前系统的逻辑模型用比较形象直观的数据流程图表示。数据流程图（data flow diagram，DFD）是新系统的逻辑模型的主要组成部分，它能精确地在逻辑上描述新系统的功能、输入、输出和数据存储，数据流程图可看作新系统的总体方案设计图。根据不同的需要，总图上的每个功能处理可以细化为不同的系统数据流程图。

① 数据流程图中包含四种基本的数据元素：外部实体、数据流、数据处理和数据存储。现具体介绍如下：

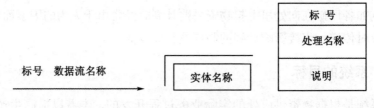

**图 4-9 数据流程图元素**

② 数据流：data flow 简称 F，是数据流通的通道，它的尾端指向数据的来源，而箭头一端则指明信息的去向。正是 F 把实体、数据存储和数据处理联系起来而形成了数据流程图。

③ 外部实体：也称外部项，它不受任何系统控制，是系统界限外的组织、部门和人员。也可以是另外一个系统。由于外部实体独立于系统，所以它是系统数据输入者和数据接受者。

④ 数据处理：数据的逻辑处理功能，是一种数据加工装置。它必须具有

输入信息和输出信息，二者缺一不可。

数据存储：data store，简称 D，它指明了数据保存的地方——文件或磁介质上的数据库。

企业数据流程图如下。

① 顶层数据流程图，如图 4-10 所示。

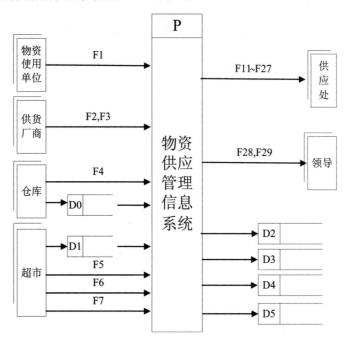

**图 4-10　顶层数据流程图**

② 一级细化数据流程图如图 4-11 至图 4-17 所示。

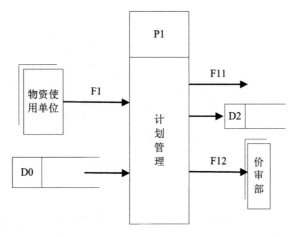

**图 4-11　计划管理一级细化 DFD**

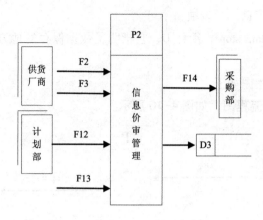

**图 4-12 信息价审管理一级细化 DFD**

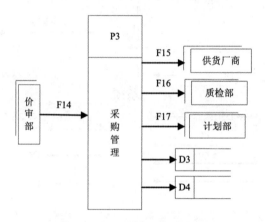

**图 4-13 采购管理一级细化 DFD**

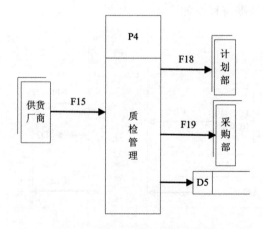

**图 4-14 质检管理一级细化 DFD**

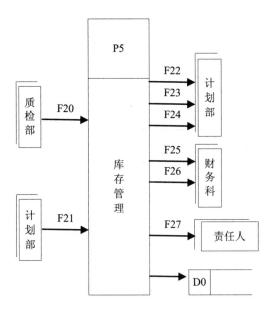

图 4-15　库存管理一级细化 DFD

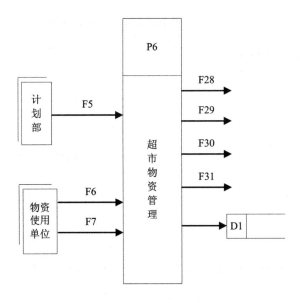

图 4-16　超市管理一级细化 DFD

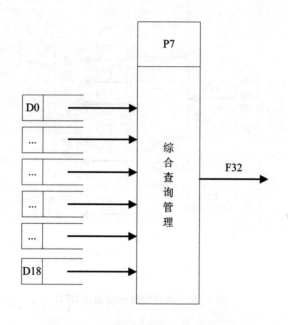

**图 4-17　综合查询管理一级细化 DFD**

③ 二级细化数据流程图如图 4-18~图 4-23 所示。

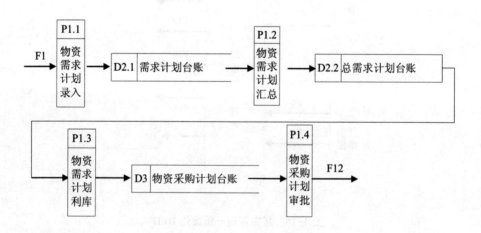

**图 4-18　计划管理二级细化 DFD**

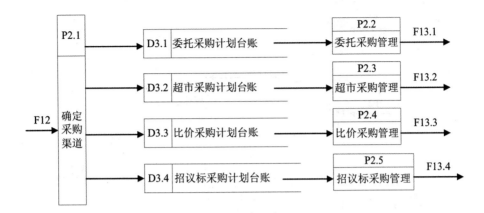

图 4-19　信息价审管理二级细化 DFD

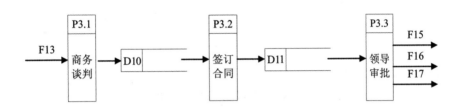

图 4-20　采购管理二级细化 DFD

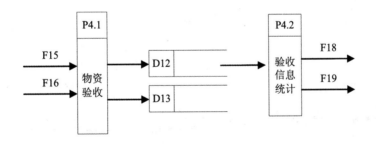

图 4-21　质检管理二级细化 DFD

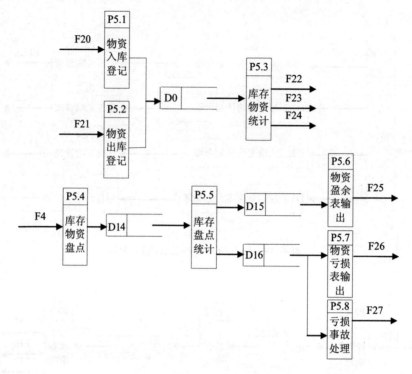

图 4-22　库存管理二级细化 DFD

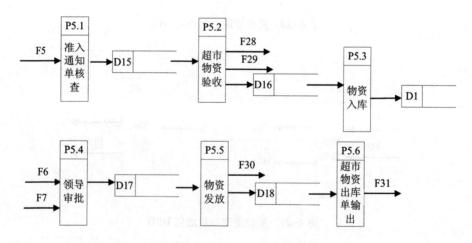

图 4-23　超市管理二级细化 DFD

④ 三级细化数据流程图如图 4-24~图 4-27 所示。

**图 4-24　委托采购管理三级细化 DFD**

**图 4-25　超市采购管理三级细化 DFD**

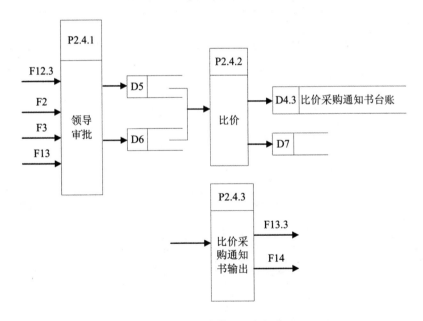

**图 4-26　比价采购管理三级细化 DFD**

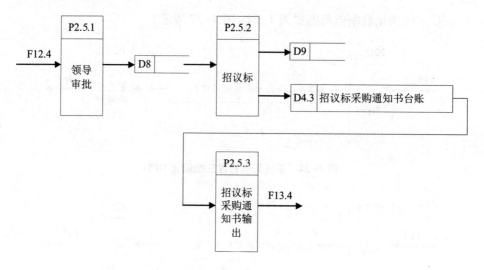

**图4-27 招议标采购管理三级细化 DFD**

上述过程对应的数据流和数据存储对照表如表4-1所示。

**表4-1 数据流和数据存储对照表**

| | | | |
|---|---|---|---|
| F1 | 物资需求计划 | D0 | 库存物资明细账 |
| F2 | 供货厂商信息 | D1 | 超市物资明细账 |
| F3 | 厂商报价信息 | D2 | 物资需求计划台账 |
| F4 | 物资盘点信息 | D3 | 物资采购计划台账 |
| F5 | 超市物资准入通知单 | D4 | 物资采购通知单台账 |
| F6 | 超市物资分配意见 | D5 | 比价单台账 |
| F7 | 超市物资使用通知单 | D6 | 厂商信息台账 |
| F11 | 物资总需求计划 | D7 | 物资比价备忘录 |
| F12 | 物资采购计划 | D8 | 招议标会议材料 |
| F13 | 物资比价单 | D9 | 招议标备忘录 |
| F14 | 物资采购通知单 | D10 | 商务谈判备忘录 |
| F15 | 商务合同书 | D11 | 商务合同台账 |
| F16 | 物资采购验收单 | D12 | 物资验收备忘录 |
| F17 | 物资采购落实情况表 | D13 | 物资质量技术档案 |
| F18 | 物资到货统计报表 | D14 | 库存物资盘点明细账 |
| F19 | 退货通知单 | D15 | 超市物资验收单台账 |
| F20 | 物资入库单 | D16 | 超市物资入库单 |

表4-1(续)

| F21 | 物资出库单 | D17 | 超市物资使用通知单台账 |
|---|---|---|---|
| F22 | 物资入库月、旬报表 | D18 | 超市物资出库单台账 |
| F23 | 物资出库月、旬报表 | | |
| F24 | 库存物资综合统计报表 | | |
| F25 | 物资盈余表 | | |

## 4.3.2　数据字典

数据流程图描述了系统的分解，即描述了系统由哪几部分组成、各部分之间的联系等，但还没有说明系统中各个成分的含义。如果想完整准确地描述系统，还必须使用数据字典。数据字典主要是用来描述数据流程图中的数据流、数据存储、处理过程和外部实体的。数据字典把数据的最小组成单位看成数据元素，若干个数据元素可以组成一个数据结构，又通过数据元素和数据结构来描写数据流、数据存储的属性。由于系统数据量较大，不能列出所有的数据卡片，所以只能抽取具有代表性的几个，以示说明。

企业数据部分数据字典如下。

（1）数据流条目

数据流是指流动的数据，是数据结构在系统内传输的路径。因此，数据流中不仅要说明数据流名称、组成等本身的特点，还应指明它的来源、去向和流量。数据流卡如表 4-2 所示。

表4-2　物资需求计划表和供货厂商信息表

| 数据流卡 | | | |
|---|---|---|---|
| 系统名 | 管理信息系统 | 子系统 | 物资供应管理子系统 |
| 数据流名称 | 物资需求计划表 | 编号 | F1 |
| 来源：物资需求单位 | | | |
| 去处：P1.1 录入（物资采购计划数据来源） | | | |
| 数据结构： | | | |
| 物资需求计划表= ｛计划编号，填报单位名称，填报单位编号，物资名称，规格型号，数量，计量单位，单价，金额，所用日期，填表日期，备注｝ | | | |
| 备注： | | | |
| 数据流卡 | | | |

表4-2(续)

| 系统名 | 管理信息系统 | 子系统 | 物资供应管理子系统 |
|---|---|---|---|
| 数据流名称 | 供货厂商信息表 | 编号 | F2 |

来源：供应厂商

去处：P4.1.2 审批（提供给领导审批是否合格）

数据结构：

月生产计划表＝｛供货厂商编号，供货厂商名称，地址，邮政编码，电话，传真，电子信箱，网址，法人代表，经营范围，开户银行，银行账户，注册资金，主要供货类别，信誉度，备注｝

备注：

## （2）数据存储条目

数据存储不仅要定义每个存储的名称、流入的数据流和流出的数据流，而且同数据流一样，还要描述组成它的数据项。还应指出相关联的处理加工（加工编号、加工名称）及数据量、存取方式。数据流卡如表4-3所示。

表4-3 物资验收备忘录和超市物资入库单数据存储卡

| 数据存储卡 | | | |
|---|---|---|---|
| 系统名 | 管理信息系统 | 子系统 | 物资供应管理子系统 |
| 存储名 | 物资验收备忘录 | 编号 | D12 |

存储组织：记录每次的验收情况

记录组成：

| 字段名： | ysdh | wzmc | ggxh | th | sl | ysrq | ysr |
|---|---|---|---|---|---|---|---|
| 字段名： | 验收单编号 | 物资名称 | 规格型号 | 牌号图标（图号） 数量 | 验收日期 | 验收人 | |
| 类型： | varchar | varchar | varchar | varchar | int date | varchar | |
| 长度： | 20 | 50 | 50 | 20 | 8 20 | 20 | |

备注：

| 数据存储卡 | | | |
|---|---|---|---|
| 系统名 | 管理信息系统 | 子系统 | 物资供应管理子系统 |
| 存储名 | 超市物资入库单 | 编号 | D16 |

存储组织：记录超市物资的入库信息

表4-3（续）

记录组成：

| 字段名： | rkdh | wzmc | ggxh | sl | ckbm | jbr | rkrq |
|---|---|---|---|---|---|---|---|
| 字段名： | 入库单号 | 物资名称 | 规格型号 | 数量 | 仓库编码 | 经办人 | 入库日期 |
| 类型： | varchar | varchar | varchar | int | varchar | varchar | date |
| 长度： | 20 | 50 | 50 | 8 | 20 | 20 | 20 |

备注

（3）数据元素条目

数据元素：数据元素是信息的最小单位，又称为数据项、字段，是组成数据流、数据存储的最小单位；它需要对数据元素的代码类型、字符、取值范围、意义等进行描述。数据流卡如表 4-4 所示。

表 4-4　计划编号和供货厂商名称的数据元素卡

| 数据元素卡 | | | |
|---|---|---|---|
| 系统名 | 管理信息系统 | 子系统名 | 物资供应管理子系统 |
| 元素名称 | 计划编号 | 元素别名 | Jhbh |
| 所属数据流： | F1 物资需求计划表 | | |
| 数据元素值： | | | |
| 类型长度 | 取值范围 | | 定义 |
| varchar（20） | | | 月初某规格产品的库存量 |
| 备注： | | | |

| 数据元素卡 | | | |
|---|---|---|---|
| 系统名 | 管理信息系统 | 子系统名 | 物资供应管理子系统 |
| 元素名称 | 供货厂商名称 | 元素别名 | Csmc |
| 所属数据流： | F2 供货厂商信息表 | | |
| 数据元素值： | | | |
| 类型长度 | 取值范围 | | 定义 |
| varchar（50） | | | 供货厂商的名称 |
| 备注： | | | |

（4）数据处理条目

处理，也叫"加工"，是对数据流程图中的各个基本处理（即不再进一步分解的加工）的精确描述，其目的在于交代清楚系统中每一个加工处理可能包括的运算，数据存取和条件判断的情况和过程，便于以后程序实现。它包括处理条目名、输入数据流、输出及逻辑加工过程。数据流卡如表4-5所示。

表4-5　物资需求计划录入和确定采购渠道数据处理卡

| 数 据 处 理 卡 | | | |
|---|---|---|---|
| 系统名 | 管理信息系统 | 子系统 | 物资供应管理子系统 |
| 处理名 | 物资需求计划录入 | 编号 | P1.1 |
| 输入：F1 物资需求计划表 | | | |
| 输出：D2.1　需求计划台账 | | | |
| 处理简述： | | | |
| 　　从F1中按照要求录入数据，将所得的结果存储到D2.1中 | | | |
| 备注： | | | |

| 数 据 处 理 卡 | | | |
|---|---|---|---|
| 系统名 | 管理信息系统 | 子系统 | 物资供应管理子系统 |
| 处理名 | 确定采购渠道 | 编号 | P2.1 |
| 输入：　F12 物资采购计划表 | | | |
| 输出：　D3.1，D3.2，D3.3，D3.4 | | | |
| 处理简述： | | | |
| 从F12中按照要求确定采购计划中物资采购的方式，经过统计后将计划区分，并独立存储到D3.1，D3.2，D3.3，D3.4 | | | |
| 备注： | | | |

（5）数据实体条目

外部实体：外部项，主要描述它的输入输出数据流的特征。如表4-6所示。

表 4-6　价审部和质检部数据实体卡

| 数　据　实　体　卡 | | |
| --- | --- | --- |
| 生产管理系统 | 子系统 | 物资供应管理子系统 |
| 价审部 | 编号 | P1.1 |
| 输入数据流：　F12 物资采购计划 | | |
| 输出数据流：　F14 物资采购通知单 | | |
| 备注： | | |

| 数　据　实　体　卡 | | |
| --- | --- | --- |
| 管理信息系统 | 子系统 | 物资供应管理子系统 |
| 质检部 | 编号 | P2.1 |
| 输入数据流：F16 物资采购验收单 | | |
| 输出数据流：F20 物资入库单 | | |
| 备注： | | |

# 4.4　系统设计

　　系统设计主要考虑的是为实现某一个系统/子系统，应该设计几个功能模块，这些模块由哪些程序组成，它们之间存在什么关系，为了提高运行效率在数据库的组织方面应该采取什么设置，程序模块应该采用什么措施，程序模块应该采用什么处理方式等。

　　系统设计有如下特点。

　　① 运用系统的观点，采用"自顶向下"的原则将系统分解成若干功能模块，形成层次结构；

　　② 这种层次结构的最初方案是利用一组策略而得到的；

　　③ 运用一组设计原则对这个最初方案进行优化；

　　④ 采用图形工具——结构图——来表达最初方案和优化结果；

　　⑤ 制订一组评价标准对设计方案进行优化。

### 4.4.1 系统结构设计

结构化是系统设计的指导思想，结构化系统设计是新系统开发的一个重要内容，是结构化系统分析和结构化程序设计之间的接口过程。结构化系统设计技术是在结构化程序设计思想的基础上发展起来的一种用于复杂系统结构设计的技术，它运用一套标准的设计准则和工具，采用模块化的方法，进行新系统控制层次关系分解设计，把用数据流程图表示的系统逻辑模型转变为用 HIPO 图或控制结构图表示的系统层次模块结构，以及用过程图或伪码表示的程序模块结构。结构化系统设计的核心是模块分解设计，模块化显著提高了系统的可修改性和可维护性；同时，为系统设计工作的有效组织和控制提供了方便条件。

本系统应用一套标准设计准则和工具，把系统分析阶段得出的系统逻辑模型进行扩展和优化处理，在数据流程图的基础上构成系统的模块结构。这一阶段通常采用结构化程序设计（structured design）方法。采用模块化自顶向下的设计方法，进行新系统控制层次关系和模块分解设计，显著地提高了系统的可维护性和可修改性；同时，为系统设计的有效组织提供了方便。

按照以功能划分模块，达到模块的相对独立性原则。对照数据流程图，对该系统进行逐级功能分解，可得系统功能结构图。

根据初步调研和有关部门提出的相关要求，基于现系统的生产业务状况，采用原型法初步完成了物资供应管理系统的模块设计。该系统是一个人机结合的系统，它能够及时收集、存储、处理和提供有关管理工作方面的信息，为业务人员提供辅助物资管理决策的手段和依据，提高物资供应管理工作的生产效率，切实提高全矿的经济效益。

物资供应子系统包括计划管理、信息价审管理、采购管理、物资验收管理、库存管理、超市管理、综合查询管理、代码维护、系统管理九个主要功能模块，对物资从计划开始到价审、采购、供应等一系列业务活动进行处理，对物资进、销、存情况进行统计，同时提供实时查询。

其中，前六个模块为业务模块，各模块间的数据传递依靠及时消息提醒，并可实现员工业绩考核。

物资供应管理系统的 HIPO 图如图 4-28 所示。

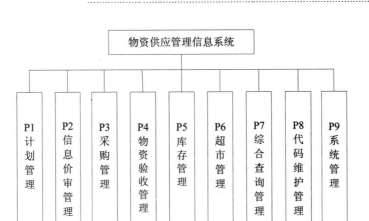

**图 4-28　物资供应管理 HIPO 图**

HIPO 图细化如图 4-29 至图 4-37 所示。

（1）计划管理模块

该模块包括物资需求计划的汇总编制、资源分配、消耗管理、储备管理、综合统计分析五部分内容。实现了生产计划的录入、汇总、输出的功能，并能及时反馈资源分配信息、消耗信息和储备信息，并能进行综合统计分析。实现了由系统自动提供物资采购方式的功能。如图 4-29 所示。

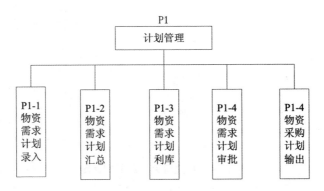

**图 4-29　计划管理 HIPO 图**

（2）信息价审管理模块

该模块主要包括价审、物资采购审计、超市管理子系统和客户信息统计四部分的内容。实现了会议备忘录电子存储功能、客户信息管理功能、合同审计、发票审计和内部物资超市管理功能。如图 4-30 所示。

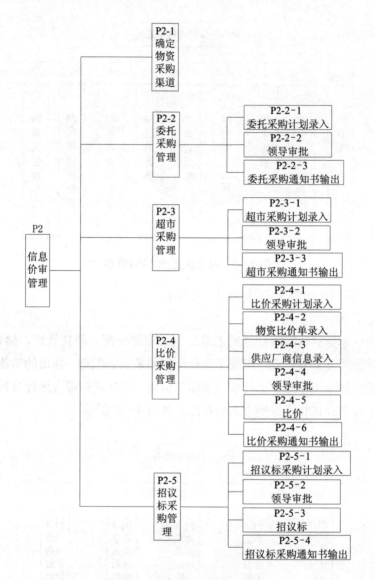

图 4-30　信息价审管理 HIPO 图

（3）采购管理模块

该模块实现了商务合同草拟和整理存储功能、物资采购落实情况反馈功能、客户信息反馈功能和物资采购验收单的录入、查询、输出功能。如图 4-31 所示。

（4）物资验收管理模块

实现功能：扫描存储验收记录、到货物资统计报表、客户质量技术分析、客户质量技术档案。如图 4-32 所示。

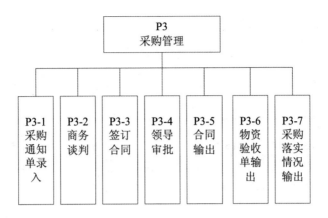

**图 4-31　采购管理 HIPO 图**

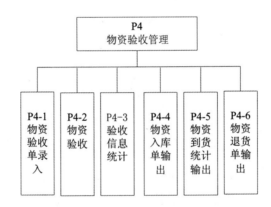

**图 4-32　物资验收管理 HIPO 图**

（5）库存管理模块

该模块为适应物资供应处对下属各供应站的库房进行管理而开发。由物资入库、物资出库、库存盘点、库损统计和库位管理五部分组成。如图 4-33 所示。

实现功能：物资出入库管理、物资库位管理功能、库损统计处理、库存物资盘点、物资出入库月旬报表、库损处理报告、库存实物量统计报表。

（6）超市管理模块

该模块实现对超市物资供应的管理，功能近似于库存管理模块。如图 4-34 所示。

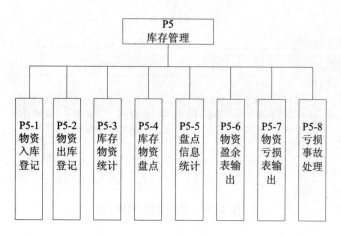

图 4-33　库存管理 HIPO 图

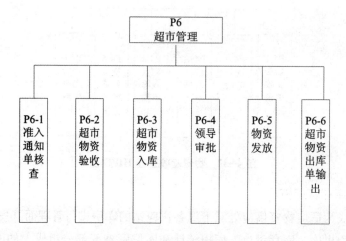

图 4-34　超市管理 HIPO 图

（7）综合查询管理模块

实现不同要求的灵活查询功能，如图 4-35 所示。

（8）代码维护管理模块

该模块对物资代码、单位代码、业务员代码、仓库代码、供货厂商代码等所有代码信息进行维护，实现代码的添加、修改、删除功能。如图 4-36 所示。

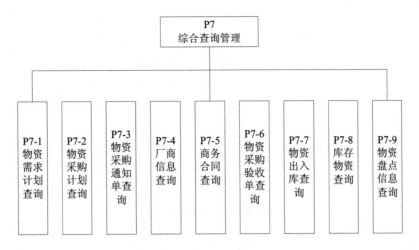

图 4-35　综合查询管理 HIPO 图

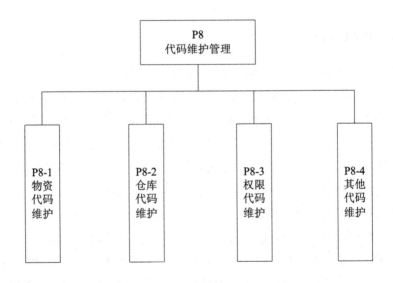

图 4-36　代码维护管理 HIPO 图

（9）系统管理模块

该模块对进入本系统的用户分别赋予权限，并进行安全保密控制。提供对权限、登录 ID 及密码的添加、修改、删除等操作管理功能。如图 4-37 所示。

本系统的模块设计严格参照 HIPO 图，物资供应管理信息系统的模块细化参照了以上的模块划分原则，即模块的内聚性和耦合性。据此，本系统将物资供应管理信息系统划分为九大模块：计划管理、信息价审管理、采购管理、质检管理、库存管理、超市管理、综合查询管理、代码维护管理、系统管理。这些模块之间存在着一定的耦合，同时是实际业务的需要，但是这种耦合是程度

图 4-37    系统管理 HIPO 图

最低的耦合，因此，本系统既做到了高内聚，又做到了低耦合的数据库设计原则。

## 4.4.2　代码设计

代码是代表客观存在的实体或属性的符号（如数字、字母或是它们的组合）。在信息系统中，代码是人和机器的共同语言，是便于进行分类、核对、统计和检索的关键。代码设计是实现管理信息系统的关键，是它的前提条件，其目的是设计出一套为本系统各部分所共用的、优化的代码系统。代码设计好坏，不仅直接影响到计算机进行数据处理时是否方便，是否能节省存储空间，是否能提高处理速度、效率和精度，而且还关系到系统能否实际运行起来。因此，在进行此设计之前，要设计出适合新系统的代码体系。

本系统根据物资供应部门自身的职能特点，遵循代码设计的唯一性、标准化、通用化、扩充性、稳定性和便于识别与记忆等设计原则，依据生产管理系统中各个业务实体的不同，进行了具体而明确的代码设计，详细代码设计如图4-38所示：

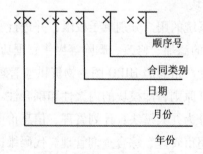

图 4-38    详细代码

### 4.4.3 输出设计

因为输出报表直接与用户相联系，所以，设计的出发点是保证输出达到用户的要求，正确地反映和组织各种有用的信息。同时，以此改进企业的报表传递方法，尽量减少打印报表，利用电子形式传递，提高工作效率。

本系统的输出设计的内容包括输出内容、输出方式和输出介质三方面。

（1）输出内容

本系统输出的内容除包括统一的、上级部门规定报表之外，还包括日常查询结果的输出。

（2）输出方式

本系统输出方式是报表输出。对于基层单位和各级管理者，都以报表输出方式给出详细的数据，一目了然，方便直观。所有报表在打印前均可预览。

（3）输出介质

本系统的输出介质主要是显示器和打印机。屏幕输出可根据需要给出适当的比例，直观地显示图表；打印机输出则根据给定的格式，形成正式的报表文件，供上报上级主管部门。

对输出信息的基本要求是：精确、及时而且适用。输出设计的详细步骤包括：确定输出类型与输出内容，确定输出方式（设备与介质），进行专门的表格设计等。

本系统的输出设计如表4-7所示。

表4-7 系统的输出设计

| 类别<br>物资需求单位 | 物资名称 | 规格型号 | 计量单位 | 单价 | 合计 | 利库补库 | 计划采购量 | 计划金额 | 备注 |
|---|---|---|---|---|---|---|---|---|---|
| 矿供应科 | | | | | | | | | |
| … | | | | | | | | | |
| 运输部 | | | | | | | | | |
| 配送中心 | | | | | | | | | |
| … | | | | | | | | | |
| 总金额 | | | | | | | | | |

### 4.4.4 输入设计

输入数据的正确性对于整个系统质量的好坏起绝对性的作用。输入设计不当有可能使输入数据发生错误，即使计算和处理十分正确，也不可能得到正确的输出。因此，输入设计既要给用户提供方便的界面，又要有严格的检查和纠错功能，以尽可能减少输入错误。输入设计包括输入方式设计、用户界面设计。

（1）输入方式设计

输入方式的设计主要是根据总体设计和数据库设计的要求来确定数据输入的具体形式。常用的输入方式有：键盘输入，模/数、数/模输入，网络数据传送，磁/光盘读入等几种形式。通常在设计新系统的输入方式时，应尽量利用已有的设备和资源，避免大批量的数据重复多次地通过键盘输入。因为键盘输入不但工作量大、速度慢，而且出错率较高。

（2）用户界面设计

在实际设计数据输入格式时应该使统计报表或文件与数据库文件结构完全一致。本系统的输入设计如图 4-39 所示。

图 4-39　输入设计

### 4.4.5 人机对话设计

人机对话主要是指计算机程序在运行中，使用者与计算机之间通过终端屏幕或其他装置进行一系列交替的询问与回答。

（1）对话方式

人机对话的方式有多种。如光笔屏幕方式、键盘-屏幕方式和声音对话方式等。键盘-屏幕方式是主要的人机对话方式。本系统主要采用键盘-屏幕方式。

（2）对话设计原则

在对话设计中，主要考虑到了微机的使用环境、响应时间、操作方便和对用户的友好回答等几个方面。对话的设计做到了清楚、简单、没有二义性；对话简单，容易学习掌握，适合各种操作人员进行操作；同时，对话具有指导用户怎样操作和回答问题的能力，在操作有误时，对话能够将错误信息的细节显示出来，并指导用户如何改正错误。

本系统的人机对话设计部分如下：当用户想要保存或删除记录时，系统会自动弹出对话框，询问用户是否确定保存或删除记录，在制订月进度计划时，系统会提示用户输入制订进度计划的时间。

### 4.4.6　数据库设计

数据库设计是指在现有数据库管理系统上建立数据库的过程，它是管理信息系统的重要组成部分。

数据库设计的内容是：对于一个特定的环境，进行符合应用语义的逻辑设计，以及提供一个确定存贮结构和物理设计，建立实现系统目标，并能有效存取数据的数据模型。

管理系统数据繁杂，重复性很大，数据使用频繁。这样，就需要一种能正确反映用户的现实环境，能被现行的管理系统接受，易于维护、效率较高的数据管理方法。考虑到以上特点，该系统采用数据库系统，数据库优于其他的数据结构，其定义如下：就是以一定的组织方式在计算机中存储相关数据的结合。因而，它是帮助人们处理大量信息、实现管理科学化和现代化的强有力的工具，其非凡的优越性表现在以下几方面。

① 数据的共享性，即数据的组织和存取方法是放到应用程序的逻辑当中去的。

② 数据独立性，即数据的组织和存取方法是放到不同位置、不同计算机后仍能继续使用。

③ 数据的完整性，即保证数据库中数据准确。

④ 数据的灵活性，可在相当短的时间内回答用户的各种各样的复杂而灵活的查询问题，这在一般的文件系统中是难以做到的。

⑤ 数据的安全性与保密性，可以做到对数据指定保护级别和安全控制，而一般文件则难做到。

数据模型是由数据库中记录与记录之间联系的数据结构形成的。不同的数据管理系统有不同的数据模型，数据库设计的核心问题是设计好的数据模型。在目前的数据库管理系统中有层次模型、网状模型、关系模型三种数据模型。

其中，关系模型具有较高的数据独立性，使用也较为方便。这里采用 Oracle 关系数据库。该数据库可以进行增、删、编辑、统计等操作。显示和打印都极为方便。其中的排序和索引功能，对数据快速定位、查询提供了有利条件。

数据库设计时应注意以下几点。

① 对于数据库设计应兼顾到前面设计的数据流程图，不要把管理信息系统的设计当作以数据库为核心的数据库应用设计。

② 数据库设计应尽量满足 3NF（第三范式）的要求，其中 1NF 规定每一个数据元素都是不可再分割的最小的数据项；2NF 消除非主属性对关键字的传递函数依赖；3NF 消除主属性对关键字的部分和传递函数依赖。

本系统的部分数据库表如表 4-8 至表 4-15 所示。

表 4-8　设备代码表

| 主键 | 含义 | 数据类型 | 长度 | 允许空 |
|---|---|---|---|---|
| √ | 设备国家代码，唯一 | Varchar | 12 | 是 |
| | 设备名称 | Varchar | 50 | 是 |
| | 规格型号 | Varchar | 50 | 是 |
| | 图号 | Varchar | 20 | 是 |
| | 计量单位 | Char | 8 | 是 |
| | 设备单价 | Money | 20 | 是 |

表 4-9　用户权限表

| 主键 | 含义 | 数据类型 | 长度 | 允许空 |
|---|---|---|---|---|
| √ | 用户名，唯一 | Varchar | 20 | 否 |
| | 登录口令 | Varchar | 20 | 是 |

表 4-10　物资库位代码表

| 主键 | 含义 | 数据类型 | 长度 | 允许空 |
|---|---|---|---|---|
| √ | 物资库位代码，唯一 | Varchar | 12 | 否 |
| | 物资国家代码，唯一 | Varchar | 12 | 是 |
| | 库号 | Char | 2 | 是 |
| | 架号 | Char | 2 | 是 |
| | 层号 | Char | 1 | 是 |
| | 位号 | Char | 2 | 是 |

表 4-11　物资需求计划表

| 主键 | 含义 | 数据类型 | 长度 | 允许空 |
|:---:|:---:|:---:|:---:|:---:|
| √ | 计划编号，唯一 | Varchar | 20 | 否 |
| | 填报单位名称 | Varchar | 50 | 是 |
| | 填报单位编号 | Char | 2 | 是 |
| | 物资名称 | Varchar | 50 | 是 |
| | 规格型号 | Varchar | 50 | 是 |
| | 数量 | Int | 8 | 是 |
| | 计量单位 | Char | 8 | 是 |
| | 单价 | Money | 20 | 是 |
| | 金额 | Money | 20 | 是 |
| | 使用日期 | Date | 20 | 是 |

表 4-12　供货厂商信息表

| 主键 | 含义 | 数据类型 | 长度 | 允许空 |
|:---:|:---:|:---:|:---:|:---:|
| √ | 供货厂商编号，唯一 | Varchar | 20 | 否 |
| | 供货厂商名称 | Varchar | 50 | 是 |
| | 地址 | Varchar | 50 | 是 |
| | 邮政编码 | Char | 6 | 是 |
| | 电话 | Varchar | 30 | 是 |
| | 传真 | Varchar | 30 | 是 |
| | 电子信箱 | Varchar | 50 | 是 |
| | 网址 | Varchar | 50 | 是 |
| | 法人代表 | Varchar | 20 | 是 |
| | 经营范围 | Varchar | 50 | 是 |
| | 开户银行 | Varchar | 20 | 是 |
| | 银行账户 | Varchar | 20 | 是 |
| | 注册资金 | Varchar | 20 | 是 |
| | 主要供货类别 | Varchar | 50 | 是 |
| | 信誉度 | Int | 3 | 是 |
| | 备注 | Varchar | 50 | 是 |

表 4-13　工矿产品买卖合同

| 主键 | 含义 | 数据类型 | 长度 | 允许空 |
|---|---|---|---|---|
| √ | 合同编号，唯一 | Varchar | 20 | 否 |
| | 合同名称 | Varchar | 50 | 是 |
| | 买方 | Varchar | 50 | 是 |
| | 卖方 | Varchar | 50 | 是 |
| | 签订地点 | Varchar | 50 | 是 |
| | 签订时间 | Date | 20 | 是 |
| | 生效日期 | Date | 20 | 是 |
| | 终止日期 | Date | 20 | 是 |
| | 经办人 | Varchar | 20 | 是 |

表 4-14　合同附表

| 主键 | 含义 | 数据类型 | 长度 | 允许空 |
|---|---|---|---|---|
| √ | 合同编号 | Varchar | 20 | 否 |
| | 物资名称 | Varchar | 50 | 是 |
| | 规格型号 | Varchar | 50 | 是 |
| | 牌号图标（图号） | Varchar | 20 | 是 |
| | 生产厂家 | Varchar | 50 | 是 |
| | 计量单位 | Char | 8 | 是 |
| | 数量 | Int | 8 | 是 |
| | 单价 | Money | 20 | 是 |
| | 总金额 | Money | 20 | 是 |

表 4-15　物资验收单

| 主键 | 含义 | 数据类型 | 长度 | 允许空 |
|---|---|---|---|---|
| √ | 验收单编号 | Varchar | 20 | 否 |
| | 物资名称 | Varchar | 50 | 是 |
| | 规格型号 | Varchar | 50 | 是 |
| | 牌号图标（图号） | Varchar | 20 | 是 |
| | 数量 | Int | 8 | 是 |
| | 验收日期 | Date | 20 | 是 |
| | 验收人 | Varchar | 20 | 是 |

4.5　本章小结

　　本章讨论了矿业生产管理系统中的物资供应管理子系统设计。主要包括物资供应情况分析、系统调研、系统分析、系统设计四大部分。物资供应情况分析包括物资供应概况和企业组织结构介绍；系统调研包括现行系统概述、系统现状、现行系统业务活动分析、系统业务流程、现行系统的缺点和系统的目标；系统分析包括数据流程图和数据字典；系统设计包括系统结构设计、代码设计、输出设计、输入设计、人机对话设计和数据库设计等。物资供应管理系统涉及生产和销售，也是矿业生产管理系统存在的根本目的。分析现有物资供应管理系统的不足，有针对性地设计系统，或是重新设计系统以保证需求功能是重点。

# 第5章 销售管理子系统设计

## 5.1 需求分析

### 5.1.1 系统实施必要性

企业的销售活动可以说是企业直接对外的窗口，对销售各个环节进行掌控可以为企业尤其是大型工矿企业提供真实、可靠的参考依据，同时减少销售部分环节的损耗，节省了资金，可为客户提供更为良好的服务。而目前销售活动还在比较传统的手工式管理中，尽管部分业务已经实现了计算机管理，但还不能实现销售活动的整体管理，而且信息的传递还是依靠各环节的报表，不能实现数据的共享，不能给领导提供及时、可靠的决策依据。

而应用销售管理系统进行对销售活动的整体管理，可以解放管理人员，使得他们从大量的单一式烦琐的劳动中解脱出来，让他们从事创造性工作，不断改善管理方法，完善体制。使得企业的运行数据更加准确、及时、全面、翔实，同时对各种信息进一步加工，使企业领导层的生产、经营决策依据充分，更具科学性，更好地把握商机，创造更多的发展机会；有利于企业科学化、合理化、制度化、规范化管理，使企业的管理水平跨上新台阶。

### 5.1.2 销售概况

销售公司是二级子公司，主要负责企业煤炭的销售与运输业务，可以说是企业直接的对外窗口，它的服务质量将直接影响客户与企业的关系，并与企业的经济效益紧密相关。在运输上，煤炭主要还是靠铁路进行运输，所以与铁路部门要进行协调，以保证煤炭正常运抵用户。

销售公司机关设有九个科室（包括计划部、调运部、市场部、财务部、结算部、煤质部、清欠办公室、监测中心、综合办公室）。各矿设有铁路运输、汽车运输装车站（洗煤厂）若干，并且各矿装车站的分布情况及数量也有所不同。同时，在机关和装车站之间存在驻站，主要完成与铁路部门的有关业务，并作为信息传递的枢纽。

### 5.1.3　系统目标

针对此次系统的实现目标，建设一个实用、可靠的销售管理信息系统，达到数据共享，构成一个完整的信息管理体系（包括各销售驻站和装车点与矿物局销售公司的数据共享），从而提高矿物局的管理水平和信息化水平，减少信息传递所需的时间，更有效地指挥、调度、协调煤炭的销售运输工作；同时，为各级领导提供其所关心的数据（主要以报表的形式，也可以是通过浏览器进行浏览），为其决策提供可靠、真实、快速的依据，为矿物局以后实行全面信息化管理打下坚实的基础。

用户要求：经过对现行系统的调查分析和相关管理人员的交流，现将用户需求归纳如下。

① 建立一个覆盖销售公司内部主要业务管理部门的管理系统，以完成公司的日常业务，并可根据日常业务数据进行必要的统计汇总，以减少工作的复杂度，减少人员的付出，提高工作效率，改善工作条件。

② 系统应以描述现系统的业务活动为基础，基于原系统，高于原系统。

③ 业务数据准确，及时性强；操作简便，易于掌握。

④ 系统应有较强的实用性，能够适应管理业务的调整。

⑤ 系统应保证较高的灵活性，保证系统的可扩充性。

### 5.1.4　系统范围

由于目前销售公司的业务模式，我们的应用系统将覆盖销售公司的主要业务部门及与销售有关的各矿的销售装车站和驻站。系统以完成销售公司的计划和调运业务为工作重点，并进行逐步延伸，以达到整个销售公司的业务需求。

### 5.1.5　组织结构

销售公司根据实际工作的需要设立组织部门，规定各部门的职能及部门内各岗位人员的职责和权限。各岗位人员的职责、权限和相互关系在岗位职责中明确规定，使每个职工明确了自己的职责。其主要功能部门结构如图 5-1 所示。

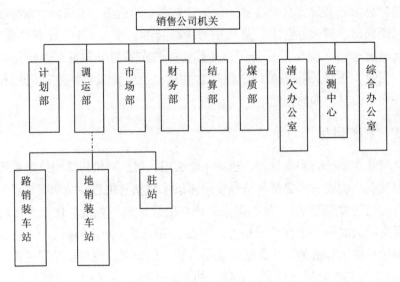

图 5-1　销售公司组织结构

① 在销售公司内部，部分部门所完成的日常业务存在重叠，如做计划时计划部、市场部、调运部共同来进行，完成一份计划。针对这种情况，在权限设定上，应具体到人。

② 图中的虚线表示，在现有组织关系上，虚线下部的各业务点行政关系上并不隶属于销售公司，而是隶属于各矿。但在业务关系上，是在调运部统一调度下，来共同完成日常的运输任务，许多日常的业务数据也需要从各个业务点向上通报到调运部，进行统计汇总。

### 5.1.6　现行系统业务

销售公司机关设有九个科室（包括计划部、调运部、市场部、财务部、结算部、煤质部、清欠办公室、监测中心、综合办公室）。各矿设有路销、地销销售装车点若干，并且各矿装车点的分布情况及数量也有所不同。同时，在机关和装车点之间存在驻站，其主要完成与铁路部门的有关业务，并作为信息传递的枢纽，如图 5-2 所示。

图 5-2　信息传递枢纽

根据此系统的当前业务情况，主要以计划和调运两业务模块作为主干，所以，本系统将以计划和调运作为基础而后进行逐步延伸。现在此，针对两个模块业务，进行详细介绍如下。

①计划部根据年订货合同汇总当年的合同信息，并统计出报表。

②计划部、市场部、调运部制订出月运输计划，并传递给各驻站，驻站人员以此向铁路部门进行请车。铁路部门根据月运输计划，下达承认车数和运输计划号（运输计划号当月有效，并作为日请车计划的依据）。

③依据铁路部门隔日请车的原则，计划部（负责市场煤）、调运部（负责电煤）每天制订出日请车计划，并传递给各驻站，驻站人员以此向铁路部门进行请车。铁路部门根据日请车计划，下达承认车数。

④铁路来车后，调运部根据情况向各矿装车站分配车辆（在此，由于与矿物局有关的铁路部门包括锦铁和通辽铁路，所以针对不同的铁路局来车，情况会有所不同），同时通知各矿装车。

⑤各矿装车站在装车完毕后，会将装车信息分别告知驻站和调运部。告知驻站详细的装车信息，主要包括各列车的实装车数和各车的实装吨数。告知调运部统计的装车信息，主要包括总装车数和总装吨数。

⑥驻站在得到详细的装车信息后，可填写煤炭发运装车日志，并可填写货物运单（实装多少写多少张），并交给铁路部门，铁路部门会重新打印出铁路货运大票交给驻站，驻站可根据此货运大票来统计填写商品煤款、运杂费结算汇总表，之后将此表提交到结算部。

⑦调运部在得知装车的汇总信息后，可填写煤炭销售调度日报。

⑧针对各个装车点和驻站提供上来的数据，计划部可在煤炭计划发运及运输计划发运情况一览表中录入当日实发车数，可为后续日计划的制订提供重要的依据。

⑨调运部可根据各个装车点和驻站提供上来的数据，进行汇总，统计报表。目前部分日报表和统计报表上存在需要从客户处得知的信息，本系统无法提供，所以，可在系统实施过程中提供必要的接口，方便用户填写。

现针对此描述提供业务流程图符号如图 5-3 所示。业务流程如图 5-4 和图 5-5 所示。

| | | | |
|---|---|---|---|
| ⬭ | 外部实体 | ▱ | 数据流方向 |
| ⊐ | 数据存储 | ⟶ | 单据或表单 |
| ▭ | 数据处理 | | |

图 5-3　业务流程图符号

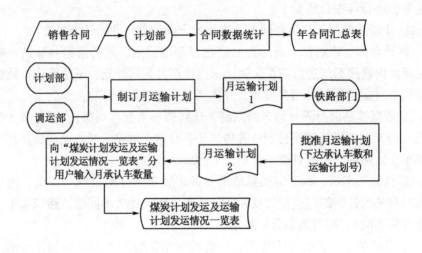

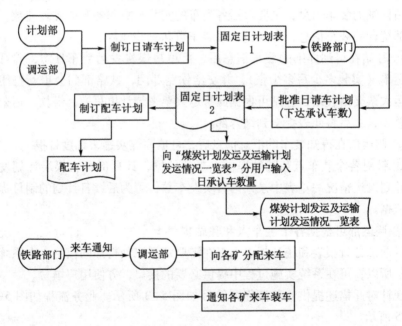

图 5-4  业务流程图（一）

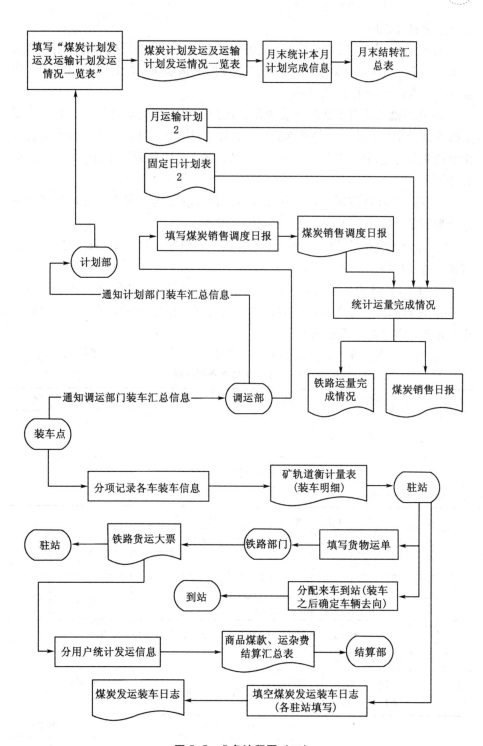

图 5-5　业务流程图（二）

业务补充说明：

① 运输计划 1（固定日计划 1）表示是未经过铁路部门批准的计划，而月运输计划 2（固定日计划 2）表示是已批准的下达承认车的计划。因在同一张表单上，为区别特用 1，2 表示。

② 在月批准计划下达后，会为每个用户提供一个运输计划号，此号主要是铁路部门用号，此号码每月都会变换，即当月有效。所以，在系统实施过程中要注意各月运输计划号的衔接问题。以后在当月的日请车计划中要使用此运输计划号。

③ 调运部在进行固定日计划发布时，是分驻站的，即各个驻站负责部分日计划请车。并且各驻站也分管不同的装车点。

④ 部分表单在目前的系统中并不存在，是根据用户需要和提供的所需的数据项所设计的，如"月末结转汇总表"。

⑤ 在实施管理中，调运部所统计的报表中还需要各矿提供当前的现有库存。

⑥ 针对当前与有业务联系的铁路部门沟通，在系统实施过程中，以后者作为标准，即来车未确定到站。

⑦ 为理解现有业务，现提供部分表单格式，如表 5-1 至表 5-3 所示。

**表 5-1　H 煤矿轨道衡列计量表**

| 序号 | 车号 | 车型 | 单位 | 品种 | 过衡时间 | 毛重 | 皮重 | 净重 | 载重 | 盈亏 |
|---|---|---|---|---|---|---|---|---|---|---|
|  |  |  |  |  |  |  |  |  |  |  |
| 合　计 |  |  |  |  |  |  |  |  |  |  |

**表 5-2　固定日计划表**

编制单位：调运部

| 代号 | 到站 | 收货单位 | 计划车数 | 承认车数 | 完成数 | | 专用线 | 矿别 | 煤种 | 备注 |
|---|---|---|---|---|---|---|---|---|---|---|
|  |  |  |  |  | 车数 | 吨数 |  |  |  |  |
|  |  |  |  |  |  |  |  |  |  |  |
|  |  |  |  |  |  |  |  |  |  |  |
|  |  |  |  |  |  |  |  |  |  |  |

**表 5-3　年　　月煤炭计划发运及运输计划发运情况一览表**

编制单位：计划管理部

| 代号 | 到站 | 收货单位 | 专用线 | 煤种 | 车数 | 运输计划号 | 完成情况 | | | |
|---|---|---|---|---|---|---|---|---|---|---|
|  |  |  |  |  |  |  | 1 | 2 | 3 | … |
|  |  |  |  |  | （计划车数） |  |  |  |  | （日计划车数） |
|  |  |  |  |  | （承认车数） |  |  |  |  | （实际装车数） |

### 5.1.7 现系统存在的问题及薄弱环节分析

通过对各项管理的详细调查研究，发现其存在以下问题。

① 领导查询困难。领导不能及时、准确地了解、掌握销售情况。

② 工作效率较为低下。现行系统的管理工作大部分未进行网络连接，致使报表生成速度慢、周期长、查询困难，信息不能共享并得不到及时处理。

③ 数据的统计汇总大部分需要手工操作，工作量大，且容易出错。

④ 业务管理工作缺乏规范性，随意性很大，对人的经验和水平有很大的依赖性，因此，具体职能业务完成情况往往因人而异。

⑤ 部门之间数据共享程度不高，不利于沟通。

⑥ 现有资源未被充分利用。目前，在矿物局内部已经建立了局域网络，但由于没有合适的管理系统，所以目前各个部门的计算机只能完成一些基本的本部门的业务记录和报表统计。部门与部门之间的信息传递主要还是靠手工的报表进行联系的。

### 5.1.8 新系统解决方案

① 建立起一个信息库（数据库）来专门管理销售信息，并定期进行维护。

② 实现销售管理由手工操作向计算机管理的转变。针对销售公司现有的手工管理模式管理不便，重复性计算统计工作增加了业务人员的负担，所以实现计算机管理，是实现公司向前发展的必然趋势。通过计算机，来实现煤炭销售的管理，方便随时查询销售记录情况，统计汇总销售记录，形成报表。

③ 利用现有的计算机网络实行稳健的系统实施方案。经过调查，针对企业内部业务分工不明确，某些部门关键信息不统一的情况，应在企业领导的支持下，理清业务，统一系统实施的基本信息，以销售系统为中心逐步实现企业管理的计算机化。

④ 对企业某些关键部门的人员进行培训。计算机系统实施成功与否，人的因素起了很大的作用。所以应在企业内部灌输计算机管理思想及其益处，增强员工学习计算机的兴趣，为今后系统实施奠定基础。

## 5.2 目标系统的概要设计

### 5.2.1 销售公司新系统模型

通过对销售公司当前业务的详细调查，同时结合前面所述设计理论和方法，提出销售公司新功能模块。

（1）合同管理

合同管理在这里拓展为客户管理，每一个销售客户信息都要被录入到系统中，并针对此客户所签写合同的性质和是否为新客户来确定是否进行重新编码。此外，在以后的计划和调运过程中，只有在合同管理中已经录入的合法用户才可以进行计划的安排和运输。此外，合同管理根据公司需要，可以实现对合同原件的保存，可利用扫描仪将合同保存为图片后，再保存到数据库中。

（2）计划管理

在本功能实现过程中，月计划管理与日计划管理是主要的功能模块，与其他日常业务具有直接的联系。月计划完成并送抵铁路后，铁路根据月计划下达承认车，并分配运输计划号。而日计划管理所产生的"固定日计划表"（即日请车计划表）是每天运输任务制订的根据，所以根据当前业务特点，工作的重点将放在月计划管理和日计划管理上。如图5-6所示。

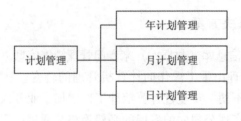

**图5-6　计划管理**

（3）调运管理

调运管理在此系统中是一个最为重要的环节。根据当前条件，需要将系统应用于三个工作点：销售公司调运部、各驻站、各装车点。该管理主要完成的是车皮的分配、日请车、承认车、实装车等数据的信息反馈及汇总。此外，信息来源还包括各矿的生产调度，如当前库存等。在系统开发中由于这里开发比较散，所以耗时会比较长。调运模块是本系统的主要模块，具体管理分为三级管理，机关、驻站及装车点，对于各矿而言，无论是一矿多井、一矿一井及露天矿都直接管理到装车点（称），而各装车点与矿的性质无关。各装车点将装车的实际数据返回到各驻站，各驻站将直接和结算部门进行联系，即进入结算模块，在结算模块将计算并录入列车的运费和相应的煤款。实际整个系统管理的具体表现就是车辆，围绕车辆所管理的主要数据为：来车数、装车数、装车量、收货人、运费及煤款。此外，此模块会调用生产调度的数据，如库存量。

（4）结算管理

此功能主要完成的是对发运煤炭车皮的结算，实行按车结算，其中包括：铁路运费及货款等其他费用。

（5）代码维护

代码维护主要应用于系统基础数据，如：产品代码（针对不同品质、不同产地的煤等）、各种不同性质用户的代码（合同单位、收货单位、结算单位等）。

（6）系统管理

系统管理主要是指系统的使用权限的设定，以及对该系统的使用用户及其口令的管理。

（7）综合查询

可根据客户需求进行多种形式的查询，主要形式为报表查询。同时可根据具体客户的需要，进行浏览器查询。

## 5.2.2　运销公司数据流程图

数据流程图图例如图 5-7 所示。运销公司数据流程图如图 5-8 至图 5-14 所示。

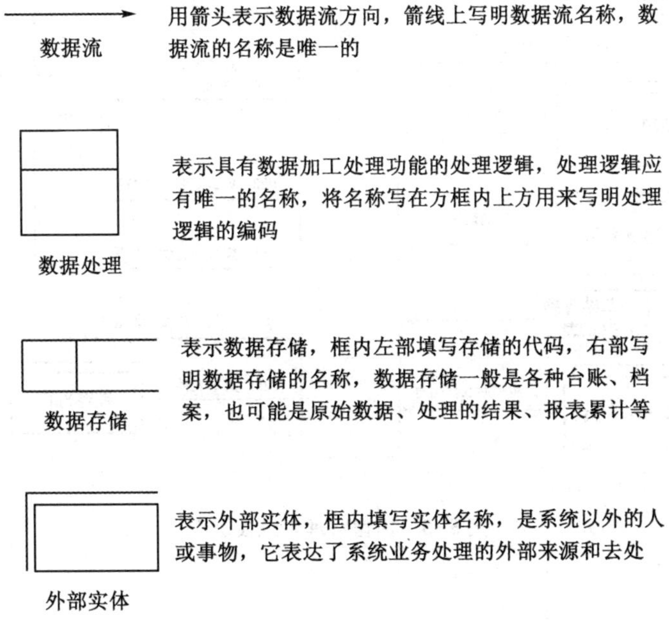

数据流　用箭头表示数据流方向，箭线上写明数据流名称，数据流的名称是唯一的

数据处理　表示具有数据加工处理功能的处理逻辑，处理逻辑应有唯一的名称，将名称写在方框内上方用来写明处理逻辑的编码

数据存储　表示数据存储，框内左部填写存储的代码，右部写明数据存储的名称，数据存储一般是各种台账、档案，也可能是原始数据、处理的结果、报表累计等

外部实体　表示外部实体，框内填写实体名称，是系统以外的人或事物，它表达了系统业务处理的外部来源和去处

**图 5-7　数据流程图图例**

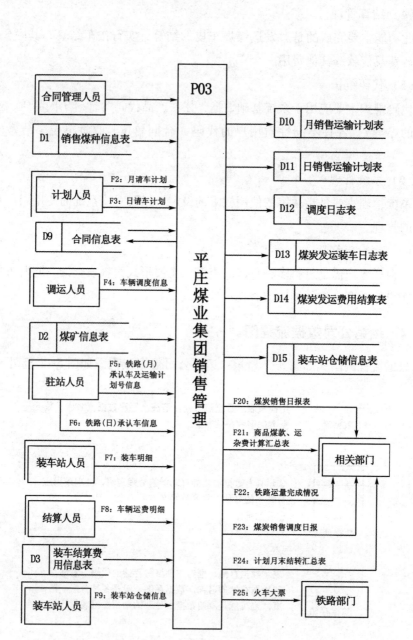

图 5-8 销售管理系统顶层图

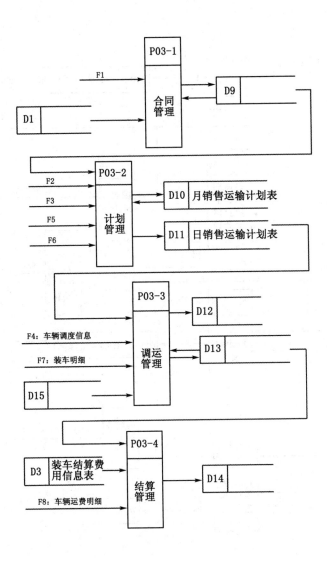

图 5-9　销售管理系统一级细化

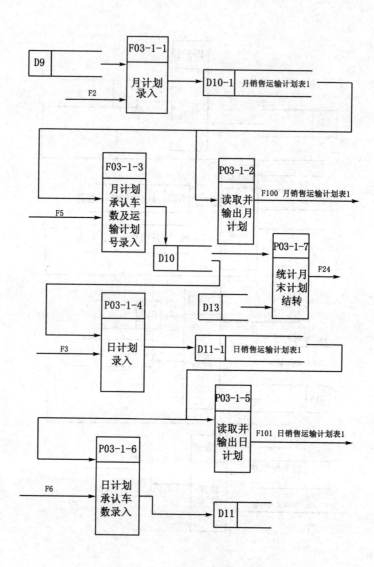

图 5-10  计划管理二级细化

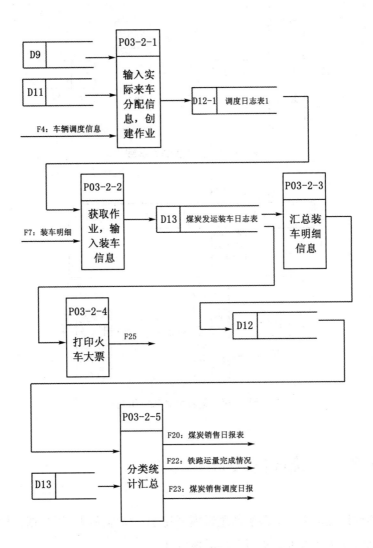

图 5-11　调运管理二级细化（一）

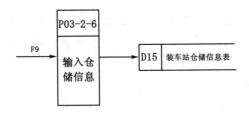

图 5-12　调运管理二级细化（二）

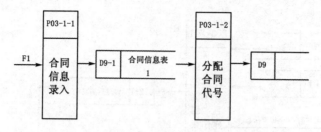

图 5-13　合同管理二级细化

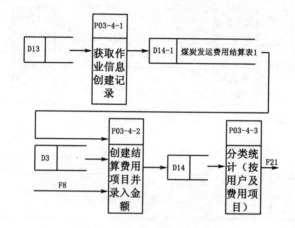

图 5-14　结算管理二级细化

# 5.3　系统详细设计

　　详细设计是根据目标系统的逻辑模型建立其物理模型，即根据目标系统的逻辑要求考虑实际条件，进行各种具体设计。

　　系统设计的优劣直接影响新系统的质量和经济效益。因而在系统设计时，一方面，按照新系统逻辑模型进行设计，满足新系统功能要求；另一方面，要尽可能地提高系统的可靠性、可变性、工作效率和工作质量。

## 5.3.1　代码设计

　　（1）工作单位代码

　　此单位代码主要是针对本销售系统使用人员的，主要作用是使系统根据此用户的单位，来界定其工作范畴及相关输入数据的来源。此代码采用组合码的形式，长度为 8 位，如表 5-4 所示。各位代表意义如图 5-15 所示。

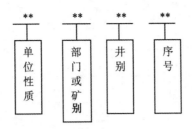

**图 5-15　各位代表意义**

**表 5-4　代码意义**

| | | |
|---|---|---|
| 单位性质 | 机关 | 01 |
| | 火运装车站 | 02 |
| | 汽运装车站 | 03 |
| | 驻站 | 04 |
| 部门 | 计划部 | 01 |
| | 调运部 | 02 |
| | 市场部 | 03 |
| | 结算部 | 04 |
| | 煤质部 | 05 |
| | 财务部 | 06 |
| | 清欠办公室 | 07 |
| | 综合办公室 | 08 |
| | 监测中心 | 09 |
| 矿别 | B | 01 |
| | G | 02 |
| | C | 03 |
| | F | 04 |
| | D | 05 |

表5-4(续)

| 矿<br>别 | A | 06 |
|---|---|---|
| | A露天矿 | 07 |
| | E | 08 |
| | J | 09 |
| | I露天矿 | 10 |
| | 全局 | 99 |
| 井<br>别 | 一井 | 01 |
| | 二井 | 02 |
| | 三井 | 03 |
| 序<br>号 | 一号装车站 | 01 |
| | 二号装车站 | 02 |

例如：一个用户"甲"是"汽运装车站C一井一号站"，则其工作单位代码为：03030101。图中也包括了矿别编号的设计。

（2）合同代号

合同代号是合同的唯一标识，对于该销售管理系统，将合同代号分为3类，即各大电厂记为：电-＊（＊表示序号），其他以A＊＊＊，B＊＊＊表示。如"朝阳发电厂"记为：电-1；"锦州节能热电股份有限公司"记为：A101。

## 5.3.2 功能模块设计

功能模块设计如图5-16和图5-17所示。

## 5.3.3 输入/输出设计

信息系统的输入/输出是系统与用户的接口，用户对系统的评价在很大程度上针对系统的输入/输出设计进行，好的输入/输出设计可以方便用户的使用，简洁明了的界面有助于用户得到所需的有用信息，系统的输入/输出设计是信息系统设计的重要内容。

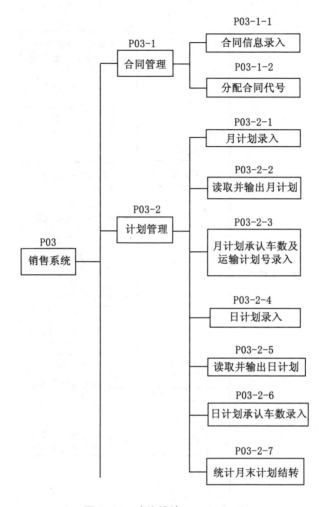

图 5-16　功能模块 HIPO（一）

（1）输入设计

针对现有销售公司和各矿的条件，本系统主要采用键盘作为主要的输入介质，在具有轨道衡的装车站可采用数据采集的方式。同时，为确保数据输入的合法性，要对用户输入的数据进行校验，以使系统正常运行。在输入过程中，系统尽量减少用户直接输入的数据项，而是采用下拉列表的形式来让用户进行选择，或在用户输入时给予适当的提示，以使用户减少输入量和出错的机会，降低系统的使用难度。

（2）输出设计

由于本系统功能需要逐步完善，使用初期仍然摆脱不了报表的使用，所

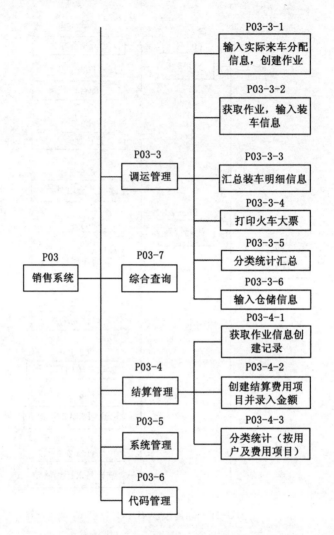

图 5-17　功能模块 HIPO（二）

以，本系统的主要输出方式为打印机输出。通过输入必要的参数进行各种查询和统计，并将结果打印输出。在输出格式上要采取合适的格式，二维表形式是最常用的一种格式。在设计输出格式的时候，可根据具体的管理需求，确定输出内容与输出格式。关于报表，本系统将使用 Oracle9iDS 产品中自带的报表服务器即 Report Builder，来具体实现 Word 打印的格式。部分重新设计的表单如表 5-5 和表 5-6 所示。

表 5-5　计划月末结转汇总表

| 合同代号 | 到站 | 收货人 | 专用线 | 矿别 | 煤种 | 本月计划 | 承认车 | 完成数 | |
|---|---|---|---|---|---|---|---|---|---|
| | | | | | | | | 实际完成 | 剩余 |
| | | | | | | | | | |

表 5-6　煤炭销售调度日报

| 矿别 | 井号 | 配车数 | 配车时间 | 开装时间 | 装完时间 | 实装车数 | 实装吨数 |
|---|---|---|---|---|---|---|---|
| | | | | | | | |
| 合计 | （矿别） | （白班合计数） | | | （夜班合计数） | | |
| | … | … | | | | | |

### 5.3.4　人机对话设计

系统在业务操作过程中主要是通过菜单来进行操作，同时，通过菜单使用权限来控制用户的使用范围，对于不具备某些操作权限的人员，无法操作相应的菜单。

在用户输入数据或保存数据时，要通过数据校验，如果通过则保存；否则，会通过提示框的形式予以提示，让用户进行修正，以保证数据的合法性，使得系统正常运行。

### 5.3.5　数据库设计

以下为该销售系统的主要数据库表，如表 5-7 至表 5-19 所示。

表 5-7　权限设定表

| 主键 | 含义 | 类型 | 长度 | 允许空 |
|---|---|---|---|---|
| √ | 人员登录名 | Varchar | 20 | 否 |
| | 操作员口令 | Varchar | 20 | 否 |
| | 操作员姓名 | Varchar | 20 | 否 |
| | 操作员身份证号码 | Varchar | 18 | 是 |
| | 操作员工作单位代码 | Char | 8 | 否 |
| | 权限代码 | Varchar | 200 | 是 |

表5-8　销售煤种信息表

| 主键 | 含义 | 类型 | 长度 | 允许空 |
|---|---|---|---|---|
| √ | 执行日期 | Date | | 否 |
| √ | 矿别编号 | Char | 2 | 否 |
| √ | 品种 | Varchar | 20 | 否 |
| | 粒度 | Varchar | 10 | 是 |
| | 限下率 | Varchar | 10 | 是 |
| | 全硫分 | Varchar | 10 | 是 |
| | 全水分 | Varchar | 10 | 是 |
| | 挥发分 | Varchar | 10 | 是 |
| | 灰分 | Varchar | 10 | 是 |
| | 发热量 | Varchar | 10 | 是 |
| | 价格 | Dec | | 是 |

表5-9　销售合同信息表

| 主键 | 含义 | 类型 | 长度 | 允许空 |
|---|---|---|---|---|
| √ | 合同序号 | Bigint | | 否 |
| | 合同代号 | Varchar | 10 | 否 |
| | 合同签订单位 | Varchar | 50 | 否 |
| | 收货单位 | Varchar | 500 | 否 |
| | 结算单位 | Varchar | 50 | 否 |
| | 到站 | Varchar | 100 | 否 |
| | 矿别编号 | Varchar | 100 | 否 |
| | 品种 | Varchar | 100 | 否 |
| | 总数量 | Varchar | 100 | 否 |
| | 1月份数量 | Varchar | 100 | 是 |
| | 2月份数量 | Varchar | 100 | 是 |
| | 3月份数量 | Varchar | 100 | 是 |
| | 4月份数量 | Varchar | 100 | 是 |
| | 5月份数量 | Varchar | 100 | 是 |
| | 6月份数量 | Varchar | 100 | 是 |
| | 7月份数量 | Varchar | 100 | 是 |

表5-9（续）

| 主键 | 含义 | 类型 | 长度 | 允许空 |
|---|---|---|---|---|
| | 8 月份数量 | Varchar | 100 | 是 |
| | 9 月份数量 | Varchar | 100 | 是 |
| | 10 月份数量 | Varchar | 100 | 是 |
| | 11 月份数量 | Varchar | 100 | 是 |
| | 12 月份数量 | Varchar | 100 | 是 |
| | 合同签订日期 | Date | | 是 |
| | 截止日期 | Date | | 是 |
| | 专用线 | Varchar | 100 | 是 |
| | 合同价格 | Dec | | 是 |
| | 图片资料名称 | Varchar | 200 | 是 |

　　根据煤炭买卖（购销）合同，存在一份合同对应多个收货人的情况，鉴于此，特将部分字段设为可变字符型，以保存多个并列数据，中间用分号相隔离。

表 5-10　销售月计划表

| 主键 | 含义 | 类型 | 长度 | 允许空 |
|---|---|---|---|---|
| √ | 计划月份 | Date | | 否 |
| | 合同代号 | Varchar | 10 | 否 |
| √ | 到站 | Varchar | | 否 |
| √ | 收货单位 | Varchar | | 否 |
| | 运输计划号 | Char | 8 | 是 |
| | 计划车数 | Int | 20 | 否 |
| | 承认车数 | Int | 10 | 是 |
| | 矿别编号 | Varchar | 100 | |
| | 品种 | Varchar | 100 | |
| | 备注 | | | |

　　根据煤炭买卖（购销）合同，可能存在一份合同对应多个收货人和到站的情况，鉴于此，特将主键设为组合键，由计划月份、到站、收货单位来共同决定一条记录。同时，矿别编号与品种也存在表5-4的情况，如：一个用户要多个煤种，则矿别和品种字段也应保存为："矿别编号 1；矿别编号 2""品种

1；品种 2"。

表 5-11　销售日计划表

| 主键 | 含义 | 类型 | 长度 | 允许空 |
|---|---|---|---|---|
| √ | 计划日期 | Date | | 否 |
| | 合同代号 | Varchar | 10 | 否 |
| √ | 到站 | Varchar | | 否 |
| √ | 收货单位 | Varchar | | 否 |
| | 运输计划号 | Char | 8 | 是 |
| | 计划车数 | Int | 20 | 否 |
| | 承认车数 | Int | 10 | 是 |
| | 矿别编号 | Varchar | 100 | |
| | 品种 | Varchar | 100 | |
| | 备注 | | | |

表 5-12　调度日志表

| 主键 | 含义 | 类型 | 长度 | 允许空 |
|---|---|---|---|---|
| √ | 作业号 | Bigint | | 否 |
| | 配车时间 | Datetime | 10 | 否 |
| | 配车数量 | Int | | 否 |
| | 开装时间 | Datetime | | 是 |
| | 装完时间 | Datetime | | 是 |
| | 实装车数 | Int | 20 | 是 |
| | 实装吨数 | Int | 10 | 是 |
| | 合同代号 | Varchar | 10 | 否 |
| | 收货单位 | Varchar | 50 | 否 |
| | 到站 | Varchar | 20 | 否 |
| | 矿别编号 | Varchar | 100 | 否 |
| | 井编号 | Varchar | 100 | 否 |
| | 品种 | Varchar | 100 | 否 |
| | 是否出票 | Char | 1 | 否 |

表 5-13　煤炭发运装车日志表

| 主键 | 含义 | 类型 | 长度 | 允许空 |
|---|---|---|---|---|
| √ | 作业号 | Bigint | | 否 |
| √ | 车号 | Varchar | 8 | 否 |
| √ | 车型 | Varchar | 5 | 否 |
| | 过衡时间 | Datetime | | 是 |
| | 毛重 | Dec | 8 | 是 |
| | 皮重 | Dec | 20 | 是 |
| | 净重 | Dec | 10 | 是 |
| | 合同代号 | Varchar | 10 | 否 |
| | 收货单位 | Varchar | 50 | 否 |
| | 到站 | Varchar | 20 | 否 |
| | 矿别编号 | Char | 2 | 否 |
| | 井编号 | Char | 2 | 否 |
| | 品种 | Varchar | 10 | 否 |

表 5-14　装车站仓储信息表

| 主键 | 含义 | 类型 | 长度 | 允许空 |
|---|---|---|---|---|
| √ | 矿别编号 | Char | 2 | 否 |
| √ | 井编号 | Char | 2 | 否 |
| √ | 品种 | Varchar | 10 | 否 |
| √ | 上报时间 | Datetime | | 否 |
| | 实际仓储量 | Dec | | 是 |

表 5-15　煤矿信息表

| 主键 | 含义 | 类型 | 长度 | 允许空 |
|---|---|---|---|---|
| √ | 矿别编号 | Char | 2 | 否 |
| | 矿名 | Varchar | 20 | 否 |
| | 工作井数 | Int | | 否 |
| | 井设装车站标识 | Varchar | 20 | 否 |

工作井数≥1，井设装车站标识是指在井上是否设有装车站，如 C 矿有 3 个工作井，每个井都设有装车站，则关于 C 矿（03）的记录如表 5-16 所示。

表5-16　C矿记录

| 矿别编号 | 矿名 | 工作井数 | 井设装车站标识 |
|---|---|---|---|
| 03 | C矿 | 3 | 1；1；1 |

如果某矿是属于一矿一井，或多井但只设一个装车站（洗煤厂），则"井设装车站标识"为："0"。

表5-17　煤炭发运费用结算表

| 主键 | 含义 | 类型 | 长度 | 允许空 |
|---|---|---|---|---|
| √ | 作业号 | Bigint | | 否 |
| √ | 车号 | Varchar | 8 | 否 |
| √ | 车型 | Varchar | 5 | 否 |
| | 费用明细 | Varchar | 200 | 是 |
| | 费用数额 | Varchar | 500 | 是 |

费用明细是指由多种费用项所组成的字符串，各费用项之间用"；"相隔。费用数额是对应费用明细的征收金额。

表5-18　装车结算费用信息表

| 主键 | 含义 | 类型 | 长度 | 允许空 |
|---|---|---|---|---|
| √ | 费用名 | Bigint | | 否 |
| √ | 收费性质 | Varchar | 8 | 否 |
| √ | 结算性质 | Varchar | 5 | 否 |
| | 收费标准 | Varchar | 200 | 是 |

收费性质是指费用征收者性质，结算性质是指费用的核算方式，如果结算性质为按吨结算的话，则该项收费金额为本次作业发运吨数乘上收费标准。相关编码如表5-19所示。

表5-19　相关编码

| | | |
|---|---|---|
| | 公司 | 0 |
| 收费性质 | 铁路 | 1 |
| | 公路 | 2 |
| | 按吨结算 | 0 |
| 结算性质 | 按车结算 | 1 |
| | 按列结算 | 2 |

以上各表为此系统的主要数据库表，最终展示在客户端的明细及统计报表

均由以上基本数据库表经过处理（分解、连接、汇总）求得。

## 5.4　本章小结

　　本章讨论了矿业生产管理系统中的销售管理子系统设计。主要包括需求分析、目标系统的概要设计和系统详细设计。需求分析包括系统实施必要性、销售概况、系统目标、系统范围、组织结构、现行系统业务、现系统存在的问题及薄弱环节分析、新系统解决方案；目标系统的概要设计包括运销公司新系统模型和运销公司数据流程图（DFD）；系统详细设计包括代码设计、功能模块设计、输入/输出设计、人机对话设计和数据库设计。销售系统在整个系统中是较为复杂的，涉及供需双方。需要满足供需双方的业务需求才可保障完成业务流，据此建立销售管理子系统。

# 第6章 生产统计管理子系统设计

##  6.1 生产统计概述

### 6.1.1 统计研究概况

煤矿统计在煤矿工业的生产建设中占有很重要的地位，煤炭企业重组以后，煤业公司的生产统计方式与原来存续企业发生了很大的变化，突出表现在人员少、工作量大、采购周期短、周转速度快。由于受到生产统计工作的时效性的限制，如何有效、及时地提供正确的数据，提高管理水平，成为新形势下煤炭统计工作的首要任务。生产统计部门是局机关规划发展处下的一个科室，承担着各生产单位和附属非生产部门的生产数据的收集和汇总工作。统计科在这些方面进行了积极的尝试，将新的企业管理思想运用到企业实际的生产统计活动过程之中，试图利用网络信息技术，创建"生产统计信息系统"改造生产统计运作流程，以获得显著的效果。

### 6.1.2 企业组织结构介绍

按照公司实行集约化经营、集中统一服务的要求，统计科结合目前实际情况，以实现及时高效统计、管理相结合、发挥效益。机构设置分为机关和基层两部分。供应站分别设在各厂矿，服务网点覆盖了整个矿区。其组织结构图如图6-1所示。

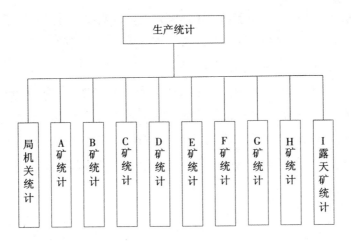

图 6-1　企业组织结构图

## 6.2　系统调研

系统调研是系统开发工作中重要的环节之一。这一步工作的质量对整个开发工作的成败起着决定性的作用。新系统是在现行系统的基础上经过改造和重建而得到的。因此，在新系统的分析和设计工作前，必须对现行系统做全面的、充分的调查研究和分析。这个阶段为新系统开发准备了重要的原始资料，通过调查可以获得现行系统现状、用户对新系统的需求状况、新系统目标等许多重要信息。

### 6.2.1　系统现状

公司目前使用的生产系统，是 20 世纪 90 年代初，用 BASIC 开发的，在 DOS 系统下运行的系统，且已经不能满足当前的业务需求，主要体现在以下几个方面。

① 系统是安装在 386 机器上的，运行速度很慢，并且机器的部分配件已经损换，一些矿的机器已经完全报废，系统中的汉字库也已经损坏，部分汉字已经乱码。在当前计算机普及到酷睿 2 的时代，再去更换 386 机器的配件，显然是不合适并且是不经济的。

② 多年前开发的系统，当时的业务需求和当前的需求已经发生了很大的

变化，所以原有系统提供的功能已经不能满足业务的需要，并且发生了较大的变化，因此，十分有必要根据当前的业务需要开发出一套新的生产统计软件。

③ 以前的系统是，各矿上报数据，是通过点对点的传输进行，速度很慢，连接比较复杂。而统计工作对数据的实时性要求非常严格，在当前 Internet 飞速发展的时代，再去用那种落后而又缓慢的连接方式，显然已经落伍。

综上所述，当前的生产统计软件已经不能满足当前业务的需求，十分有必要针对当前统计业务的功能，重新开发一套新的生产统计系统。

### 6.2.2 系统可行性分析

由于系统建设是一项投资大、涉及面广、工程复杂的系统工程。因此，必须充分地进行可行性论证，以确保投资正确。下面将从信息系统建设的经济可行性、技术可行性及运营可行性三个方面来研究。

（1）经济可行性

经济可行性分析，应从项目投资后产生的效益，以及公司对建设该系统投入的承受能力来考虑。

① 效益分析。生产统计系统的建立，将会大大地提高工作效率，及时提供完整、准确的信息，使管理人员能够更合理地组织企业的生产经营活动，从而给企业带来经济效益。企业领导可以实时得到想要的数据。使业务人员从手工处理各种繁杂数据中摆脱出来，提高了整体的工作效率。所以，新系统的建立会给公司带来效益上的提高。

② 投资承受能力分析。根据调研，目前企业对于实现计算机化管理十分关心，并且认识到其重要性，公司和部门领导在信息化方面的投资也相当大。另外，企业已经建立了局域网，局机关和各矿已经联网，因此，在网络连接方面不需要额外投资，各矿的统计部门已经拥有不错的台式计算机，也能满足新系统的需要，因此，在硬件方面也基本没有什么投资需要。各矿的统计系统操作人员，也早已经接受了计算机基础知识的培训，因此，人员培训方面也可以节省一笔开支。而企业重新上一个生产系统软件，所需要的投资集中在软件的开发费用上，而这笔开发费用对一个公司来说是完全能承受的，而系统开发带来的效益将会远远大于系统开发的投资成本。

所以，新系统在产生效益和投资情况方面都是可行的。

（2）技术可行性

本系统建设所需要的技术是目前的前沿技术，所用的软件系统 Oracle 9i 及 Visual Studio. Net 2005 均为功能强大的开发管理软件，而且笔者对这两个软件的使用比较熟悉，并且购买了 Oracle 9i 的企业版，局机关、各矿和子单位已经联网，企业当前的软、硬件环境已经足够满足本系统的需要。所以，在软件和硬件方面已满足了开发和运行的需要。所以说，新系统在技术上是可行的。

（3）运营可行性

根据调研，一般的中小企业各部门分工明确，这为整个系统的运行提供了良好的外部环境，企业领导也认识到现有处理方式的缺点和不足，并且非常重视应用计算机管理业务，所以，在新系统的开发工作上给予了大力支持。所以，在运营方面，新系统的开发是可行的。

综上所述，新系统的开发与实施是非常可行的。

### 6.2.3　系统业务流程介绍

统计工作主要分为两大部门：各矿的统计工作和全局的统计工作。

（1）各矿的统计工作

各矿的统计工作人员，去各井口统计基础数据，并记录下来，回来进行简单整理，并于每月 4 日上报到局统计科。这些数据包括：一期数据，二期数据，产值数据，按机、炮采分回采工作面利用情况，按采煤方法和煤层厚度、倾斜度分回采工作面指标。并根据这些基础数据制作各矿的月报表和累计表。包括：煤生二表、煤生三表、煤生四表、煤生五表、煤生六表（甲）、煤生六表（乙）、煤生七表、煤生八表、煤生九表、煤生十表、煤生十一表、煤生十三表、煤生十四表和综合基础表。

（2）全局的统计工作

全局统计工作人员，根据各矿上报的数据及局级数据（二期数、产值数和用电情况数据）进行整理和计算：一期数据，二期数据，产值数据，按机、炮采分回采工作面利用情况，按采煤方法和煤层厚度、倾斜度分回采工作面指标。并根据这些基础数据制作全局的月报表和累计报表。包括：煤生二表、煤生三表、煤生四表、煤生五表、煤生六表（甲）、煤生六表（乙）、煤生七表、煤生八表、煤生九表、煤生十表、煤生十一表、煤生十三表、煤生十四表，综合基础表和综合汇总表。

## 6.2.4 现行系统的缺点

从上面可以看出，生产统计管理活动各矿和局机关的相互联系、相互配合方可以完成。这就对数据的集中、集成、统一、共享提出了很高的要求。而现行系统中这些方面却受到相关因素的制约，主要表现在以下几个方面。

（1）数据比较分散、不规范

整个统计日常工作的内容构成一个系统，各部门之间相互联系、相互依赖，通过信息关联来完成日常办公，它们之间是密不可分的一个整体。但是，由于工作方式落后，仍然采用落后的手工处理方式，而且各个部门之间相同的数据信息却使用了不同的数据格式，这给部门之间的数据共享与传递造成了不必要的麻烦。各部门之间的数据来往被破坏，尽管通过大量的劳动编制各类报表还能勉强满足当前的需求，但是关于同一个主题的数据却分布在各部门的子系统中，而且非常分散，这给统计、决策、制订计划造成许多麻烦，必须从不同的部门搜集，这样费时费力，结果还不能保证十分准确。

（2）数据难以集成

由数据分散这个缺点，数据分布在各部门，就使得对某主题的数据很难集成。

（3）数据不能保持实时

现行系统中，全局的报表需要在各矿的数据都录入之后才能统计，而统计系统对信息的时效性要求比较严格。这些活动过程之间的数据传递经常出现时间滞后的现象，这都是由于纯手工操作造成的后果。

## 6.2.5 系统的目标

新系统是根据生产统计科的实际业务过程开发的，本着以提高生产效率、改进业务流程为根本目的，结合先进的系统开发技术，将目前实行的纯手工管理模式逐步转化为以计算机辅助为主的现代信息管理模式，从而简化了业务流程，达到了提高经济效益的最终目的。

该系统中仍旧按照原有管理模式。在程序中，这些流程都对应相应的数据录入、修改、查询、报表查看打印等功能。

新系统中使用了"自动累计""自动合计"等功能，消除了人工计算中可能发生的计算错误，解决了操作员不能适应新型管理系统的问题。使客户使用的时候可以得心应手。总之，新系统基本上实现了企业生产的自动管理，在方便客户操作的同时，提高了生产效率和经济效益。

# 6.3 系统分析

系统分析是系统开发中的关键工作阶段，它确定了新系统的逻辑功能，是系统设计和系统实施的基础。它的主要任务是将系统调查中所得到的文档资料集中，对组织内部整体管理状况和信息处理过程进行分析、优化，将业务流程图转化为程序员能理解的数据流程图，再用数据字典对数据流程图进行注解，使程序员拿到系统分析的结果后就能独立编程。

## 6.3.1 数据流程图

在具体模型的基础上，抽象的当前系统的逻辑模型用比较形象直观的数据流程图表示。数据流程图（data flow diagram，DFD）是新系统的逻辑模型的主要组成部分，它能精确地在逻辑上描述新系统的功能、输入、输出和数据存储，数据流程图可看作新系统的总体方案设计图。根据不同的需要，总图上的每个功能处理可以细化为不同的系统数据流程图。

数据流程图中包含四种基本的数据元素：数据流、外部实体、数据处理和数据存储。现具体介绍如下。

① 数据流（data flow，F）：是数据流通的通道，它的尾端指向数据的来源，而箭头一端指明信息的去向。正是 F 把实体、数据存储和数据处理联系起来，形成了数据流程图。

② 外部实体：也称外部项，它不受任何系统控制，是系统界限外的组织、部门和人员，也可以是另外一个系统。由于外部实体独立于系统，所以它是系统数据输入者和数据接收者。

③ 数据处理：数据的逻辑处理功能是一种数据加工装置。它必须具有输入信息和输出信息功能，二者缺一不可。

④ 数据存储（data store，D）：它指明了数据保存的地方——文件或磁介质上的数据库。

企业数据流程图如下。

① 顶层数据流程图，如图 6-2 所示。

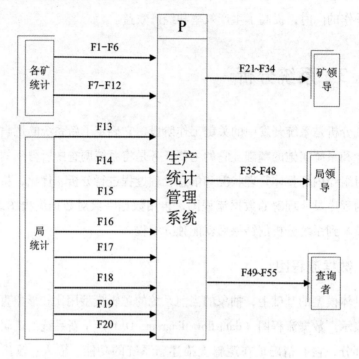

图 6-2　顶层数据流程图

② 一级细化数据流程图，如图 6-3 所示。

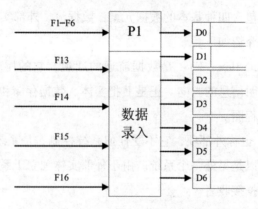

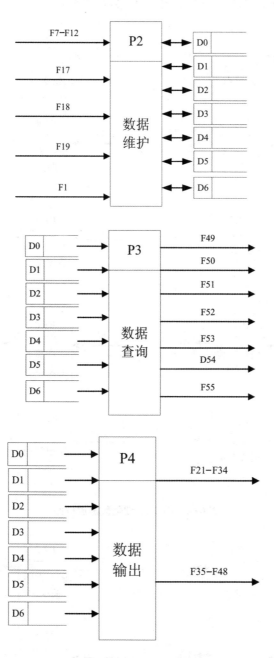

图 6-3　一级细化数据流程图

③ 二级细化数据流程图，如图 6-4~图 6-7 所示。

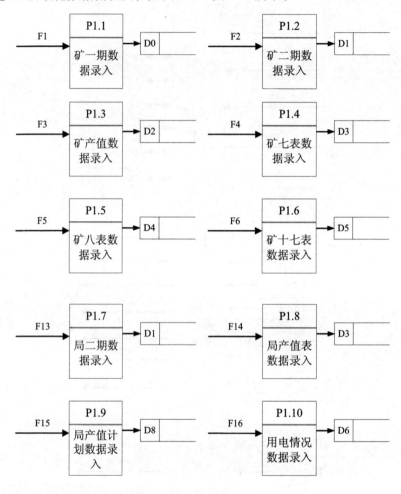

图 6-4　P1 二级细化数据流程图

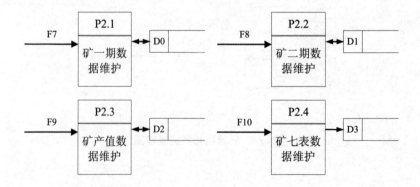

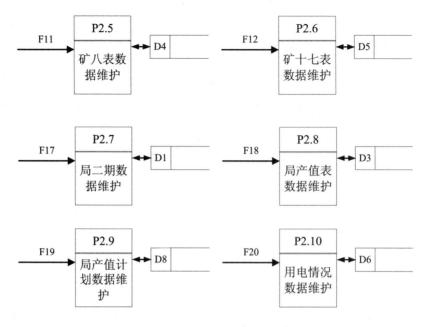

图 6-5　P2 二级细化数据流程图

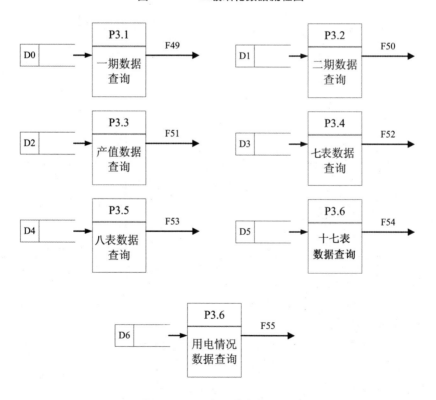

图 6-6　P3 二级细化数据流程图

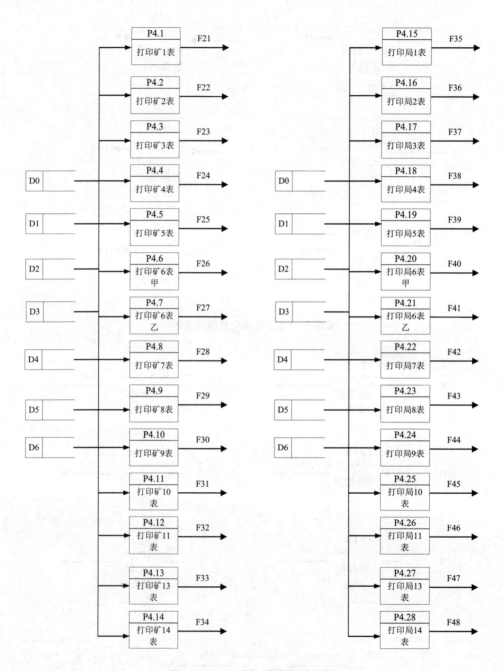

图 6-7 P4 二级细化数据流程图

数据流和数据存储说明如表 6-1 所示。

**表 6-1　数据流和数据存储说明**

| | | | |
|---|---|---|---|
| F1 | 矿一期数据 | F33 | 矿 13 表 |
| F2 | 矿二期数据 | F34 | 矿 14 表 |
| F3 | 矿产值数据 | F35 | 局 1 表 |
| F4 | 矿 7 表数据 | F36 | 局 2 表 |
| F5 | 矿 8 表数据 | F37 | 局 3 表 |
| F6 | 矿 17 表数据 | F38 | 局 4 表 |
| F7 | 矿一期数据修改信息 | F39 | 局 5 表 |
| F8 | 矿二期数据修改信息 | F40 | 局 6 表甲 |
| F9 | 矿产值数据修改信息 | F41 | 局 6 表乙 |
| F10 | 矿 7 表数据修改信息 | F42 | 局 7 表 |
| F11 | 矿 8 表数据修改信息 | F43 | 局 8 表 |
| F12 | 矿 17 表数据修改信息 | F44 | 局 9 表 |
| F13 | 局二期数据 | F45 | 局 10 表 |
| F14 | 局产值数据 | F46 | 局 11 表 |
| F15 | 局产值计划数据 | F47 | 局 13 表 |
| F16 | 用电情况数据 | F48 | 局 14 表 |
| F17 | 局二期数据维护信息 | F49 | 一期数据查询信息 |
| F18 | 局产值数据维护信息 | F50 | 二期数据查询信息 |
| F19 | 局产值计划数据维护信息 | F51 | 产值数据查询信息 |
| F20 | 用电情况数据维护信息 | F52 | 7 表数据查询信息 |
| F21 | 矿 1 表 | F53 | 8 表数据查询信息 |
| F22 | 矿 2 表 | F54 | 17 表数据查询信息 |
| F23 | 矿 3 表 | F55 | 用电情况数据查询信息 |
| F24 | 矿 4 表 | D0 | 一期数据 |
| F25 | 矿 5 表 | D1 | 二期数据 |
| F26 | 矿 6 表甲 | D2 | 产值数据 |
| F27 | 矿 6 表乙 | D3 | 7 表数据 |
| F28 | 矿 7 表 | D4 | 8 表数据 |
| F29 | 矿 8 表 | D5 | 17 表数据 |
| F30 | 矿 9 表 | D6 | 用电情况数据 |
| F31 | 矿 10 表 | D7 | 产值计划数据 |
| F32 | 矿 11 表 | | |

### 6.3.2 数据字典

数据流程图描述了系统的分解，即描述了系统由哪几部分组成、各部分之间的联系等，但还没有说明系统中各个成分的含义。如果想完整准确地描述系统，还必须使用数据字典。数据字典主要是用来描述数据流程图中的数据流、数据存储、处理过程和外部实体的。数据字典把数据的最小组成单位看成数据元素，若干个数据元素可以组成一个数据结构，又通过数据元素和数据结构来描写数据流、数据存储的属性。

由于系统数据量较大，不能列出所有的数据卡片，所以只能抽取具有代表性的几个，以示说明。

企业数据部分数据字典如下。

（1）数据流条目

数据流是指流动的数据，是数据结构在系统内传输的路径。因此，数据流中不仅要说明数据流名称、组成等本身的特点，而且应指明它的来源、去向和流量。如表 6-2 所示。

表 6-2　矿一期和矿二期数据的数据流卡

| 数据流卡 | | | |
| --- | --- | --- | --- |
| 系统名 | 管理信息系统 | 子系统 | 生产管理子系统 |
| 数据流名称 | 矿一期数据 | 编号 | F1 |
| 来源：矿统计 | | | |
| 去处：P1.1（矿一期数据录入） | | | |
| 数据结构： | | | |
| 物资需求计划表 =｛月份、单位编号、生产总计划、回采产量、掘进产量、矿井其他产量、剥离阶段、露天其他产量、其他产量、实际生产日数…｝ | | | |
| 备注： | | | |

| 数据流卡 | | | |
| --- | --- | --- | --- |
| 系统名 | 管理信息系统 | 子系统 | 生产管理子系统 |
| 数据流名称 | 矿二期数据 | 编号 | F2 |
| 来源：矿统计 | | | |
| 去处：P1.2（矿二期数据录入） | | | |
| 数据结构： | | | |
| 月生产计划表 =｛月份、单位编号、实际销售量、灰分计划、灰分量、含矸率计划、矸石量、水分量、块煤限下量、块煤销售量、应用煤低位发热量、流量…｝ | | | |
| 备注： | | | |

（2）数据存储条目

数据存储不仅要定义每个存储的名称、流入的数据流和流出的数据流，而且同数据流一样，还要描述组成它的数据项。还应指出相关联的处理加工（加工编号、加工名称）及数据量、存取方式。如表 6-3 所示。

表 6-3　一期数据和二期数据的数据存储卡

| 数据存储卡 | | | |
|---|---|---|---|
| 系统名 | 管理信息系统 | 子系统 | 生产管理子系统 |
| 存储名 | 一期数据 | 编号 | D1 |
| 存储组织：记录每个月一期数据情况 | | | |
| 记录组成： | | | |
| 见一期数据表（SCTJ_ YQSJ） | | | |
| 备注： | | | |

| 数据存储卡 | | | |
|---|---|---|---|
| 系统名 | 管理信息系统 | 子系统 | 生产管理子系统 |
| 存储名 | 二期数据 | 编号 | D2 |
| 存储组织：记录每个月二期数据情况 | | | |
| 记录组成： | | | |
| 见二期数据表（SCTJ_ RQSJ） | | | |
| 备注： | | | |

（3）数据元素条目

数据元素：是信息的最小单位，又称为数据项、字段，是组成数据流、数据存储的最小单位；它需要对数据元素的代码类型、字符、取值范围、意义等进行描述。如表 6-4 所示。

表 6-4　单位代码和单位名称的数据元素卡

| 数据元素卡 | | | |
|---|---|---|---|
| 系统名 | 管理信息系统 | 子系统名 | 生产管理子系统 |
| 元素名称 | 单位代码 | 元素别名 | 编号 |

表6-4（续）

| 所属数据流： | F1 | | |
|---|---|---|---|
| 数据元素值： | | | |
| 类型长度 | 取值范围 | | 定义 |
| varchar（4） | 字符 | | 每个单位的编号 |
| 备注： | | | |

数据元素卡

| 系统名 | 管理信息系统 | 子系统名 | 生产管理子系统 |
|---|---|---|---|
| 元素名称 | 单位名称 | 元素别名 | |
| 所属数据流： | F1 | | |
| 数据元素值： | | | |
| 类型长度 | 取值范围 | | 定义 |
| varchar（20） | 字符 | | 每个单位名称 |
| 备注： | | | |

（4）数据处理条目

处理，也叫"加工"，是对数据流程图中的各个基本处理（即不再进一步分解的加工）的精确描述，其目的在于交代清楚系统中每一个加工处理可能包括的运算、数据存取和条件判断的情况和过程，便于以后程序实现。它包括处理条目名、输入数据流、输出及逻辑加工过程。如表6-5所示。

表 6-5　矿一期数据录入和矿二期数据录入的数据处理卡

| 数 据 处 理 卡 | | | |
|---|---|---|---|
| 系统名 | 管理信息系统 | 子系统 | 生产管理子系统 |
| 处理名 | 矿一期数据录入 | 编号 | P1.1 |
| 输入：F1 | | | |
| 输出：D0 | | | |
| 处理简述： | | | |
| 从 F1 中按要求录入数据，将所得的结果存储到 D0 中 | | | |
| 备注： | | | |

| 数 据 处 理 卡 | | | |
|---|---|---|---|
| 系统名 | 管理信息系统 | 子系统 | 生产管理子系统 |

**表6-5(续)**

| 处理名 | 矿二期数据录入 | 编号 | P1. 2 |
|---|---|---|---|
| 输入:　F2 | | | |
| 输出:　D1 | | | |
| 处理简述: | | | |
| 从 F2 中按要求录入数据, 将所得的结果存储到 D1 中 | | | |
| 备注: | | | |

（5）数据实体条目

外部实体：外部项，主要描述它的输入输出数据流的特征。如表 6-6 所示。

**表 6-6　矿统计和局统计的数据实体卡**

| 数 据 实 体 卡 | | |
|---|---|---|
| 系统名 | 管理信息系统　　　子系统 | 生产管理子系统 |
| 实体名称 | 矿统计 | |
| 输入数据流: | | |
| 输出数据流: F1~F12 | | |
| 备注: | | |

| 数 据 实 体 卡 | | |
|---|---|---|
| 系统名 | 管理信息系统　　　子系统 | 生产管理子系统 |
| 实体名称 | 局统计 | |
| 输入数据流: | | |
| 输出数据流: F13~F20 | | |
| 备注: | | |

# 6.4　系统设计

系统设计主要考虑的是为实现某一个系统/子系统，应该设计几个功能模块，这些模块由哪些程序组成，它们之间存在什么关系，为了提高运行效率，在数据库的组织方面应该采取什么设置，程序模块应该采用什么措施，程序模块应该采用什么处理方式等。系统设计有如下特点。

① 运用系统的观点，采用"自顶向下"的原则，将系统分解成若干功能模块，形成层次结构。

② 这种层次结构的最初方案是利用一组策略而得到的。

③ 运用一组设计原则，对这个最初方案进行优化。

④ 采用图形工具——结构图来表达最初方案和优化结果。

⑤ 制定一组评价标准，对设计方案进行优化。

### 6.4.1 系统结构设计

结构化是系统设计的指导思想，结构化系统设计是新系统开发的一个重要内容，是结构化系统分析和结构化程序设计之间的接口过程。结构化系统设计技术是在结构化程序设计思想的基础上发展起来的一种用于复杂系统结构设计的技术，它运用一套标准的设计准则和工具，采用模块化的方法，进行新系统控制层次关系分解设计，把用数据流程图表示的系统逻辑模型转变为用系统结构图或控制结构图表示的系统层次模块结构，以及用过程图或伪码表示的程序模块结构。结构化系统设计的核心是模块分解设计，模块化显著提高了系统的可修改性和可维护性；同时，为系统设计工作的有效组织和控制提供了方便条件。

（1）系统结构图（HIPO 图）

本系统应用一套标准设计准则和工具，把系统分析阶段得出的系统逻辑模型进行扩展和优化处理，在数据流程图的基础上，构成系统的模块结构。这一阶段通常采用结构化程序设计（structured design，SD）方法。采用模块化自顶向下设计方法，进行新系统控制层次关系和模块分解设计，显著地提高了系统的可维护性和可修改性，同时为系统设计的有效组织提供了方便。

按照以功能划分模块，达到模块的相对独立性原则。对照数据流程图，对该系统进行逐级的功能分解，可得系统功能结构图。

根据初步调研和有关部门提出的相关要求，基于现系统的业务状况，采用原型法，初步完成了生产统计系统的模块设计。该系统是一个人机结合的系统，它能够及时地收集、存储、处理和提供有关管理工作方面的信息，为业务人员提供辅助生产统计决策的手段和依据，提高生产统计管理工作的生产效率，切实提高全局的统计效率。

（2）生产统计管理系统 HIPO 图

如图 6-8 所示。

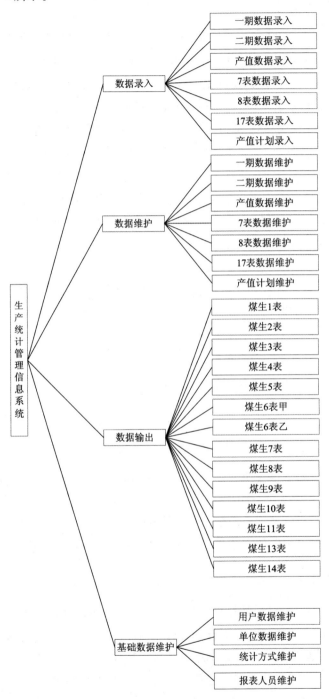

**图 6-8　HIPO 图**

### 6.4.2　代码设计

代码是代表客观存在的实体或属性的符号（如数字、字母或它们的组合）。在信息系统中，代码是人和机器的共同语言，是便于进行分类、核对、统计和检索的关键。代码设计是实现管理信息系统的关键，是它的前提条件，其目的是设计出一套为本系统各部分所共用的、优化的代码系统。代码设计得好坏，不仅直接影响到计算机进行数据处理时是否方便，是否能节省存储空间，是否能提高处理速度、效率和精度，而且关系到系统能否实际运行。因此，在进行此设计之前，要设计出适合新系统的代码体系。

本系统根据物资供应部门自身的职能特点，遵循代码设计的唯一性、标准化、通用化、日扩充性、稳定性和便于识别与记忆等设计原则，依据生产管理系统中各个业务实体的不同，进行了具体而明确的代码设计，详细代码设计如下。

本系统使用的单位编号代码设计如图 6-9 所示。

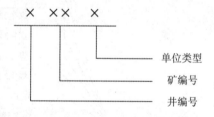

图6-9　单位编号代码设计

① 第一位表示单位类型："J"表示井工矿，"L"表示露天矿，"G"表示公司；

② 第二、三位表示矿的顺序号：从 00 到 99；

③ 第四位表示矿的顺序号：从 0 到 9，为 9 时，表示"其他"。

### 6.4.3　输出设计

因为输出报表直接与用户相联系，所以，设计的出发点是保证输出达到用户的要求，正确地反映和组织各种有用的信息。同时，以此促进企业的报表传递方法，尽量减少打印报表，利用电子形式传递，提高工作效率。

本系统的输出设计的内容包括输出内容、输出方式和输出介质三方面。

① 输出内容。本系统输出的内容除包括统一的、上级部门规定报表之外，还包括日常查询结果的输出。

② 输出方式。本系统输出方式是报表输出。对于基层单位和各级管理者，都以报表输出方式给出详细的数据，一目了然，方便直观。所有报表在打印前均可预览。

③ 输出介质。本系统的输出介质主要是显示器和打印机。屏幕输出可根据需要给出适当的比例，直观地显示图表；打印机输出根据给定的格式，形成正式的报表文件，供上报上级主管部门。

对输出信息的基本要求是：精确、及时而且适用。输出设计的详细步骤包括：确定输出类型与输出内容、确定输出方式（设备与介质），进行专门的表格设计等。

### 6.4.4　输入设计

输入数据的正确性对于整个系统质量的好坏起到绝对性的作用。输入设计不当有可能使输入数据发生错误，即使计算和处理十分正确，也不可能得到正确的输出。因此，输入设计既要给用户提供方便的界面，又要有严格的检查和纠错功能，以尽可能地减少输入错误。

输入设计包括输入方式设计、用户界面设计。

（1）输入方式设计

输入方式设计主要是根据总体设计和数据库设计的要求来确定数据输入的具体形式。常用的输入方式有：键盘输入，模/数、数/模输入，网络数据传送，磁/光盘读入等几种形式。通常，在设计新系统的输入方式时，应尽量利用已有的设备和资源，避免大批量的数据重复多次地通过键盘输入。因为键盘输入不但工作量大、速度慢，而且出错率较高。

（2）用户界面设计

在实际设计数据输入格式时，应该使统计报表或文件与数据库文件结构完全一致。

本系统的原始数据表如表 6-7 至表 6-12 所示。

**表6-7　一期数据**

单位名称：　　　　　　制表人：　　　　　　联系电话：　　　　年　　月

| 表　名 | 名　称 | 计算单位 | 栏次 | 代码 | | 备注 |
|---|---|---|---|---|---|---|
| 2表本企业原煤产量构成表 | 生产总计划 | t | 1 | | | |
| | 回采产量 | t | 7 | | | |
| | 掘进产量 | t | 8 | | | |
| | 矿井其他产量 | t | 9 | | | |
| | 采煤阶段 | t | 11 | | | |
| | 剥离阶段 | t | 12 | | | |
| | 露天其他产量 | t | 13 | | | |
| | 其他产量 | t | 14 | | | |
| | 实际生产日数 | d | 15 | | | |
| 13表巷道掘进进尺 | 总进尺计划 | m | 1 | | | |
| | 生产进尺 | m | 3 | | | |
| | 无效进尺 | m | 4 | | | |
| | 开拓巷道计划 | m | 5 | | | |
| | 开拓巷道实际 | m | 6 | | | |
| | 准备巷道进尺 | m | 7 | | | |
| | 沿空送道 | m | 8 | | | |
| | 回采巷道进尺 | m | 9 | | | |
| | 其他巷道进尺 | m | 10 | | | |
| | 煤巷进尺 | m | 11 | | | |
| | 半煤巷进尺 | m | 12 | | | |
| | 岩巷进尺 | m | 13 | | | |
| | 锚喷煤巷进尺 | m | 15 | | | |
| | 锚喷半煤巷进尺 | m | 16 | | | |
| | 锚喷岩巷进尺 | m | 17 | | | |

表6-7(续)

| 表　名 | 名　称 | 计算单位 | 栏次 | 代码 | 备注 |
|---|---|---|---|---|---|
| 14表<br>掘进<br>工作<br>面利用 | 开拓面平均个数 | 个 | 2 | | |
| | 煤巷面平均个数 | 个 | 3 | | |
| | 半煤巷平均个数 | 个 | 4 | | |
| | 岩巷面平均个数 | 个 | 5 | | |
| | 开拓面期末个数 | 个 | 7 | | |
| | 煤巷面期末个数 | 个 | 8 | | |
| | 半煤巷面期末个数 | 个 | 9 | | |
| | 岩巷面期末个数 | 个 | 10 | | |
| 9表<br>(原23表)<br>露天工作 | 剥离量计划 | m$^3$ | 6 | | |
| | 工作帮剥离 | m$^3$ | 8 | | |
| | 非工作帮剥离 | m$^3$ | 9 | | |
| | 内部剥离 | m$^3$ | 10 | | |
| | 其他剥离 | m$^3$ | 11 | | |

表 6-8　二期数据

单位名称：　　　　　制表人：　　　　联系电话：　　　　　年　　月

| 表名 | 名　称 | 计算单位 | 栏次 | 代码 | 备注 |
|---|---|---|---|---|---|
| 4表<br>商<br>品<br>煤<br>质<br>量<br>情<br>况 | 实际销售量 | t | 1 | | |
| | 灰分计划 | % | 2 | | |
| | 灰分量 | t | 4 | | |
| | 含矸率计划 | % | 5 | | |
| | 矸石量 | t | 7 | | |
| | 水分量 | t | 9 | | |
| | 块煤限下量 | t | 11 | | |
| | 块煤销售量 | t | 12 | | |
| | 应用煤低位发热量 | 百万 J | 14 | | |
| | 硫量 | t | 16 | | |

表6-8（续）

| 表名 | 名　称 | 计算单位 | 栏次 | 代码 | | 备注 |
|---|---|---|---|---|---|---|
| 5表<br>原煤生产<br>实物劳动<br>效率 | 全员效率计划 | 吨/工 | 1 | | | |
| | 计算全员效率工日数 | 工日 | 4 | | | |
| | 计算回采效率工日数 | 工日 | 7 | | | |
| | 计算掘进效率工日数 | 工日 | 10 | | | |
| | 露天生产工日数 | 工日 | 13 | | | |
| 6表甲<br>原煤<br>生产<br>主要<br>材料<br>消耗 | 坑木单耗计划 | m³/万 t | 3 | | | |
| | 坑木消耗量 | m³ | 5 | | | |
| | 坑木回采 | m³ | 6 | | | |
| | 坑木掘进 | m³ | 7 | | | |
| | 火药单耗计划 | kg/万 t | 8 | | | |
| | 火药消耗量 | kg | 10 | | | |
| | 火药回采 | kg | 11 | | | |
| | 火药掘进 | kg | 12 | | | |
| | 雷管单耗计划 | 个/万 t | 13 | | | |
| | 雷管消耗量 | 个 | 15 | | | |
| | 钢材单耗计划 | t/万 t | 16 | | | |
| | 钢材消耗量 | t | 18 | | | |
| | 计算定额的产量 | 万 t | 19 | | | |
| 6表乙<br>生产<br>企业<br>主要<br>材料<br>消耗 | 木材消耗量 | m³ | 2 | | | |
| | 坑木单耗计划 | m³/万 t | 3 | | | |
| | 坑木消耗量 | m³ | 5 | | | |
| | 火药单耗计划 | kg/万 t | 6 | | | |
| | 火药消耗量 | kg | 9 | | | |
| | 火药露天剥离 | kg | 10 | | | |
| | 雷管单耗计划 | 个/万 t | 11 | | | |
| | 雷管消耗量 | 个 | 13 | | | |
| | 钢材单耗计划 | t/万 t | 14 | | | |
| | 钢材消耗量 | t | 16 | | | |
| | 计算企业定额原煤产量 | 万 t | 17 | | | |
| 3表<br>原煤<br>质量<br>情况 | 可采煤灰分分子 | t | 2 | | | |
| | 可采煤灰分分母 | t | 3 | | | |
| | 生产原煤灰分量 | t | 5 | | | |
| | 生产煤矸石量 | t | 8 | | | |

### 表 6-9　产值数据

单位名称：　　　　　　制表人：　　　　联系电话：　　　　　年　　月

| 表名 | 名　称 | 计算单位 | 栏次 | 代码 | | 备注 |
|---|---|---|---|---|---|---|
| 综合表 | 原煤总产量 | t | | | | |
| | 其中：矿生产自用量 | t | | | | |
| | 局生产自用量 | t | | | | |
| | 销售量 | t | | | | |
| | 原煤平均售价 | 元/吨 | | | | |
| | 洗块煤产量 | t | | | | |
| | 其中：矿生产自用量 | t | | | | |
| | 局生产自用量 | t | | | | |
| | 洗块煤销售量 | t | | | | |
| | 洗末煤产量 | t | | | | |
| | 其中：矿生产自用量 | t | | | | |
| | 局生产自用量 | t | | | | |
| | 洗末煤销售量 | t | | | | |
| | 筛块煤产量 | t | | | | |
| | 其中：矿生产自用量 | t | | | | |
| | 局生产自用量 | t | | | | |
| | 筛块煤销售量 | t | | | | |
| | 筛余煤产量 | t | | | | |
| | 其中：矿生产自用量 | t | | | | |
| | 局生产自用量 | t | | | | |
| | 筛余煤销售量 | t | | | | |
| | 手选块煤产量 | t | | | | |
| | 其中：矿生产自用量 | t | | | | |
| | 局生产自用量 | t | | | | |
| | 手选块煤销售量 | t | | | | |
| | 自来水总产量 | t | | | | |
| | 自来水商品量 | t | | | | |
| | 自来水平均售价 | 元/吨 | | | | |
| | 洗选损耗 | t | | | | |
| | 沸腾煤产量 | t | | | | |

表 6-10　十表数据

单位名称：　　　　制表人：　　　　联系电话：　　　　年　月

| 表名 | 名　称 | 期末实有台数/台 | 期末装备数/台 | 平均开动台数/台 | 工作量/m |
|---|---|---|---|---|---|
| 10 表（原17表）掘进装载机械工作情况 | 煤　巷 | | | | |
| | 半煤岩巷 | | | | |
| | 岩　巷 | | | | |
| | 综合掘进机械 | | | | |
| | 其中：掘进机 | | | | |
| | 铲斗装岩机 | | | | |
| | 耙斗装岩机 | | | | |
| | 装煤机 | | | | |
| | 水力装载（水枪） | | | | |
| | 其　他 | | | | |

表 6-11　用电情况数据

单位名称：　　　　制表人：　　　　联系电话：　　　　年　月

| 表名 | 名　称 | 计算单位 | 栏次 | 代码 | 备注 |
|---|---|---|---|---|---|
| 10 表（原16表）用电情况 | 综合用电计划 | 万 kW·h | 3 | | |
| | 综合用电实际 | 万 kW·h | 4 | | |
| | 原煤生产用电 | 万 kW·h | 5 | | |
| | 无功电量 | 万 kW·h | 6 | | |
| | 功率因数 | COSO | 7 | | |
| | 最大负荷 | kW | 8 | | |
| | 综合电耗计划 | kW·h/t | 11 | | |
| | 原煤生产电耗计划 | kW·h/t | 14 | | |
| | 转供电量 | 万 kW·h | 2 | | |
| | 平均负荷 | kW | 9 | | |
| | 原煤总产量 | 万 t | 13 | | |
| | 矿井加露天产量 | 万 t | 16 | | |
| | 功率因数累计 | COSO | 7 | | |
| | 最大负荷累计 | kW | 8 | | |
| | 平均负荷累计 | kW | 9 | | |

### 表6-12　七、八表数据

单位名称：　　　　　　制表人：　　　　　联系电话：　　　　年　　月

| 表名 | 名　称 | 回采产量/t | 期末在籍工作面 | | | | 工作面平均指标 | | 采煤面积/m² | 工日数 |
|---|---|---|---|---|---|---|---|---|---|---|
| | | | 个数 | 其中：备用 | 总长度/m | 其中：备用 | 个数 | 总长度/m | | |
| 七表<br>按机、炮采分回采工作面利用情况 | ①引进支架面 | | | | | | | | | |
| | 其中：100套 | | | | | | | | | |
| | ②国产支架面 | | | | | | | | | |
| | (2) 综采刨煤机面 | | | | | | | | | |
| | 2. 高档面小计 | | | | | | | | | |
| | (1) 滚筒机组 | | | | | | | | | |
| | (2) 刨煤机 | | | | | | | | | |
| | (3) 改装机组 | | | | | | | | | |
| | (4) 其　他 | | | | | | | | | |
| | 4. 水采面小计 | | | | | | | | | |
| | 1. 落煤机装小计 | | | | | | | | | |
| | 其中：水运 | | | | | | | | | |
| | 2. 打眼放炮小计 | | | | | | | | | |
| | 其中：自重装煤 | | | | | | | | | |
| | 3. 其他小计 | | | | | | | | | |
| | 其中：风镐采煤 | | | | | | | | | |
| 八表<br>按采煤方法和煤层厚度、倾斜度分回采工作面情况 | 单一走向长壁采煤法 | | | | | | | | | |
| | 煤皮分层 | | | | | | | | | |
| | 夹石分层 | | | | | | | | | |
| | 水平分层放顶煤采煤法 | | | | | | | | | |
| | 1.3~3.5m 12°以下 | | | | | | | | | |
| | 1.3~3.5m 12°~25° | | | | | | | | | |
| | 3.5m以上 12°以下 | | | | | | | | | |
| | 3.5m以上 12°~25° | | | | | | | | | |
| | 3.5m以上 25°~45° | | | | | | | | | |

### 6.4.5 人机对话设计

人机对话主要是指计算机程序在运行过程中，使用者与计算机之间通过终端屏幕或其他装置进行一系列交替的询问与回答。

（1）对话方式

人机对话的方式有多种。如光笔屏幕方式、键盘-屏幕方式和声音对话方式等。键盘-屏幕方式是主要的人机对话方式。本系统主要采用键盘-屏幕方式。

（2）对话设计原则

在对话设计中，主要考虑到微机的使用环境、响应时间、操作方便和对用户的友好回答等几个方面。对话的设计做到了清楚、简单、没有二义性；对话简单，容易学习掌握，适合各种操作人员进行操作；同时，对话具有指导用户怎样操作和回答问题的能力，在操作有误时，对话能够将错误信息的细节显示出来，并指导用户如何改正错误。

本系统的人机对话设计部分如下：当用户想要保存或删除记录时，系统会自动弹出对话框，询问用户是否确定保存或删除记录，在制订月进度计划时，系统会提示用户输入制订进度计划的时间。

### 6.4.6 数据库设计

数据库设计是指在现有数据库管理系统上建立数据库的过程，它是管理信息系统的重要组成部分。

数据库设计是对于一个特定的环境，进行符合应用语义的逻辑设计，以及提供一个确定存贮结构和物理设计，建立实现系统目标，并能有效地存取数据的数据模型。

管理系统数据繁杂，重复性很大，数据使用频繁。这样，就需要一种能正确反映用户的现实环境，能被现行的管理系统所接受，易于维护、效率较高的数据管理方法。考虑到以上特点，该系统采用数据库系统，数据库优于其他数据结构，其定义如下：就是以一定的组织方式在计算机中存储相关数据的结合。因而，它是帮助人们处理大量信息、实现管理科学化和现代化的强有力的工具，其非凡的优越性表现在以下方面。

① 数据的共享性，即数据的组织和存取方法是放到不同位置、不同计算机后仍能继续使用。

② 数据独立性，即数据的组织和存取方法是放到应用程序的逻辑当中去

的。

③ 数据的完整性，即保证数据库存中数据准确。

④ 数据的灵活性，可在相当短的时间内回答用户的各种各样的复杂而灵活的查询问题，这在一般的文件系统中是难以做到的。

⑤ 数据的安全性与保密性，可以做到对数据指定保护级别和安全控制，而一般文件难以做到。

数据模型是由数据库中记录与记录之间联系的数据结构形成的。不同的数据管理系统有不同的数据模型，数据库设计的核心问题是设计好的数据模型。在目前的数据库管理系统中，有层次模型、网状模型、关系模型三种数据模型。其中，关系模型具有较高的数据独立性，使用也较为方便。这里采用 Oracle 关系数据库。该数据库可以进行增、删、编辑、统计等操作。显示和打印都极为方便。其中的排序和索引功能对数据快速定位、查询提供了有利条件。

数据库设计时，应注意以下几点。

① 对于数据库设计，应兼顾到前面设计的数据流程图，不要把管理信息系统的设计当作以数据库为核心的数据库应用设计。

② 数据库设计应尽量满足 3NF（第三范式）的要求。其中，1NF 规定每一个数据元素都是不可再分割的最小的数据项；2NF 消除非主属性对关键字的传递函数依赖；3NF 消除主属性对关键字的部分和传递函数依赖。

本系统的部分数据库表如表 6-13 至表 6-23 所示。

表 6-13　单位表

| 含义 | 数据种类 | 是否空 | 默认 | 排序 |
| --- | --- | --- | --- | --- |
| 单位代码 | VARCHAR2（4） | N | | |
| 部门 | VARCHAR2（20） | Y | | |
| 单位 | VARCHAR2（20） | Y | | |
| 上市类别 | VARCHAR2（20） | Y | | |
| 显示单位 | VARCHAR2（20） | Y | | |

主键（DWDM）

表 6-14　用户表

| 含义 | 数据种类 | 是否空 | 默认 | 排序 |
| --- | --- | --- | --- | --- |
| 用户名 | VARCHAR2（20） | N | | |
| 用户密码 | VARCHAR2（20） | N | | |
| 真实姓名 | VARCHAR2（20） | Y | | |

表6-14(续)

| 含义 | 数据种类 | 是否空 | 默认 | 排序 |
|---|---|---|---|---|
| 用户权限 | VARCHAR2（1） | Y | | |
| 部门 | VARCHAR2（20） | Y | | |
| 联系电话 | VARCHAR2（20） | Y | | |
| 权限名称 | VARCHAR2（20） | Y | | |

主键（YHM）

表 6-15　一期数据

| 含义 | 数据种类 | 是否空 | 默认 | 排序 |
|---|---|---|---|---|
| 单位代码 | VARCHAR2（4） | N | | |
| 报表月份 | DATE | N | | |
| 生产总计划 | NUMBER | Y | 0 | |
| 回采产量 | NUMBER | Y | 0 | |
| 掘进产量 | NUMBER | Y | 0 | |
| 矿井其他产量 | NUMBER | Y | 0 | |
| 采煤阶段 | NUMBER | Y | 0 | |
| 剥离阶段 | NUMBER | Y | 0 | |
| 露天其他产量 | NUMBER | Y | 0 | |
| 其他产量 | NUMBER | Y | 0 | |
| 实际生产日数 | NUMBER | Y | 0 | |
| 总进米计划 | NUMBER | Y | 0 | |
| 生产进尺 | NUMBER | Y | 0 | |
| 无效进尺 | NUMBER | Y | 0 | |
| 开拓巷道计划 | NUMBER | Y | 0 | |
| 开拓巷道实际 | NUMBER | Y | 0 | |
| 准备巷道进尺 | NUMBER | Y | 0 | |
| 沿空送道 | NUMBER | Y | 0 | |
| 回采巷道进尺 | NUMBER | Y | 0 | |
| 其他巷道进尺 | NUMBER | Y | 0 | |
| 煤巷进尺 | NUMBER | Y | 0 | |
| 半煤巷进尺 | NUMBER | Y | 0 | |
| 岩巷进尺 | NUMBER | Y | 0 | |

表6-15（续）

| 含义 | 数据种类 | 是否空 | 默认 | 排序 |
|---|---|---|---|---|
| 锚喷煤巷进尺 | NUMBER | Y | 0 | |
| 锚喷半煤巷进尺 | NUMBER | Y | 0 | |
| 锚喷岩巷进尺 | NUMBER | Y | 0 | |
| 开拓面平均个数 | NUMBER | Y | 0 | |
| 煤巷面平均个数 | NUMBER | Y | 0 | |
| 半煤巷平均个数 | NUMBER | Y | 0 | |
| 岩巷面平均个数 | NUMBER | Y | 0 | |
| 开拓面期末个数 | NUMBER | Y | 0 | |
| 煤巷面期末个数 | NUMBER | Y | 0 | |
| 半煤巷面期末个数 | NUMBER | Y | 0 | |
| 岩巷面期末个数 | NUMBER | Y | 0 | |
| 剥离量计划 | NUMBER | Y | 0 | |
| 工作帮剥离 | NUMBER | Y | 0 | |
| 非工作帮剥离 | NUMBER | Y | 0 | |
| 内部剥离 | NUMBER | Y | 0 | |
| 其他剥离 | NUMBER | Y | 0 | |
| 报出时间 | DATE | Y | | |
| 录入人员 | ARCHAR2（20） | Y | | |
| 单位 | VARCHAR2（20） | Y | | |
| 部门 | VARCHAR2（20） | Y | | |

主键（BBYF，DWDM）

表 6-16　二期数据

| 含义 | 数据种类 | 是否空 | 默认 | 排序 |
|---|---|---|---|---|
| 单位代码 | VARCHAR2（4） | N | | |
| 报表月份 | DATE | N | | |
| 实际销售量 | NUMBER | Y | 0 | |
| 灰分计划 | NUMBER | Y | 0 | |
| 灰分量 | NUMBER | Y | 0 | |
| 含矸率计划 | NUMBER | Y | 0 | |
| 矸石量 | NUMBER | Y | 0 | |

表6-16(续)

| 含义 | 数据种类 | 是否空 | 默认 | 排序 |
|---|---|---|---|---|
| 水分量 | NUMBER | Y | 0 | |
| 块煤限下量 | NUMBER | Y | 0 | |
| 块煤销售量 | NUMBER | Y | 0 | |
| 应用煤低位发热量 | NUMBER | Y | 0 | |
| 硫量 | NUMBER | Y | 0 | |
| 全员效率计划 | NUMBER | Y | 0 | |
| 计算全员效率工日数 | NUMBER | Y | 0 | |
| 计算回采效率工日数 | NUMBER | Y | 0 | |
| 计算掘进效率工日数 | NUMBER | Y | 0 | |
| 露天生产工日数 | NUMBER | Y | 0 | |
| 甲坑木单耗计划 | NUMBER | Y | 0 | |
| 甲坑木消耗量 | NUMBER | Y | 0 | |
| 坑木回采 | NUMBER | Y | 0 | |
| 坑木掘进 | NUMBER | Y | 0 | |
| 甲火药单耗计划 | NUMBER | Y | 0 | |
| 甲火药消耗量 | NUMBER | Y | 0 | |
| 火药回采 | NUMBER | Y | 0 | |
| 火药掘进 | NUMBER | Y | 0 | |
| 甲雷管单耗计划 | NUMBER | Y | 0 | |
| 甲雷管消耗量 | NUMBER | Y | 0 | |
| 甲钢材消耗量 | NUMBER | Y | 0 | |
| 计算定额的产量 | NUMBER | Y | 0 | |
| 乙木材消耗量 | NUMBER | Y | 0 | |
| 乙坑木单耗计划 | NUMBER | Y | 0 | |
| 乙坑木消耗量 | NUMBER | Y | 0 | |
| 乙火药单耗计划 | NUMBER | Y | 0 | |
| 乙火药消耗量 | NUMBER | Y | 0 | |
| 火药露天剥离 | NUMBER | Y | 0 | |
| 乙雷管单耗计划 | NUMBER | Y | 0 | |
| 乙雷管消耗量 | NUMBER | Y | 0 | |

表6-16（续）

| 含义 | 数据种类 | 是否空 | 默认 | 排序 |
|---|---|---|---|---|
| 乙钢材消耗量 | NUMBER | Y | 0 | |
| 计算企业定额原煤产量 | NUMBER | Y | 0 | |
| 可采煤灰分分子 | NUMBER | Y | 0 | |
| 可采煤灰分分母 | NUMBER | Y | 0 | |
| 生产原煤灰分量 | NUMBER | Y | 0 | |
| 生产煤矸石量 | NUMBER | Y | 0 | |
| 报出时间 | DATE | Y | | |
| 录入人员 | ARCHAR2（20） | Y | | |
| 单位 | VARCHAR2（20） | Y | | |
| 部门 | VARCHAR2（20） | Y | | |
| 甲钢材单耗计划 | NUMBER | Y | 0 | |
| 乙钢材单耗计划 | NUMBER | Y | 0 | |
| 甲木材消耗量 | NUMBER | Y | 0 | |

主键（BBYF，DWDM）

表 6-17  产值数据

| 含义 | 数据种类 | 是否空 | 默认 | 排序 |
|---|---|---|---|---|
| 单位代码 | VARCHAR2（4） | N | | |
| 报表月份 | DATE | N | | |
| 原煤总产量 | NUMBER | Y | 0 | |
| 矿生产自用量 | NUMBER | Y | 0 | |
| 局生产自用量 | NUMBER | Y | 0 | |
| 销售量 | NUMBER | Y | 0 | |
| 原煤平均售价 | NUMBER | Y | 0 | |
| 自来水总产量 | NUMBER | Y | 0 | |
| 自来水商品量 | NUMBER | Y | 0 | |
| 自来水平均售价 | NUMBER | Y | 0 | |
| 洗选损耗 | NUMBER | Y | 0 | |
| 沸腾煤 | NUMBER | Y | 0 | |
| 录入人员 | VARCHAR2（20） | Y | | |
| 录入时间 | DATE | Y | | |

表6-17（续）

| 含义 | 数据种类 | 是否空 | 默认 | 排序 |
|---|---|---|---|---|
| 洗块煤 | NUMBER | Y | 0 | |
| 洗末煤 | NUMBER | Y | 0 | |
| 筛块煤 | NUMBER | Y | 0 | |
| 筛余煤 | NUMBER | Y | 0 | |
| 手选块煤 | NUMBER | Y | 0 | |
| 洗块煤矿生产自用量 | NUMBER | Y | 0 | |
| 洗块煤局生产自用量 | NUMBER | Y | 0 | |
| 洗块煤销售量 | NUMBER | Y | 0 | |
| 洗末煤矿生产自用量 | NUMBER | Y | 0 | |
| 洗末煤局生产自用量 | NUMBER | Y | 0 | |
| 洗末煤销售量 | NUMBER | Y | 0 | |
| 筛块煤矿生产自用量 | NUMBER | Y | 0 | |
| 筛块煤局生产自用量 | NUMBER | Y | 0 | |
| 筛块煤销售量 | NUMBER | Y | 0 | |
| 筛余煤矿生产自用量 | NUMBER | Y | 0 | |
| 筛余煤局生产自用量 | NUMBER | Y | 0 | |
| 筛余煤销售量 | NUMBER | Y | 0 | |
| 手选块煤矿生产自用量 | NUMBER | Y | 0 | |
| 手选块煤局生产自用量 | NUMBER | Y | 0 | |
| 手选块煤销售量 | NUMBER | Y | 0 | |

主键（BBYF, DWDM）

表 6-18　产值计划数据

| 含义 | 数据种类 | 是否空 | 默认 | 排序 |
|---|---|---|---|---|
| 报表月份 | DATE | N | | |
| 工业产值计划 | NUMBER | Y | | |
| 录入人员 | VARCHAR2 (30) | Y | | |
| 录入时间 | DATE | Y | | |
| 销售产值计划 | NUMBER | Y | | |

主键（BBYF）

**表 6-19  8 表数据**

| 含义 | 数据种类 | 是否空 | 默认 | 排序 |
|---|---|---|---|---|
| 单位代码 | VARCHAR2（4） | N | | |
| 报表月份 | DATE | N | | |
| 工作面代码 | VARCHAR2（8） | N | | |
| 工作面名称 | VARCHAR2（40） | Y | | |
| 回采产量 | NUMBER | Y | | |
| 在籍个数 | NUMBER | Y | | |
| 在籍总长度 | NUMBER | Y | | |
| 平均个数 | NUMBER | Y | | |
| 平均总长度 | NUMBER | Y | | |
| 采煤面积 | NUMBER | Y | | |
| 报出时间 | DATE | Y | | |
| 录入人员 | VARCHAR2（20） | Y | | |
| 单位 | VARCHAR2（20） | Y | | |
| 部门 | VARCHAR2（20） | Y | | |

主键（BBYF，DWDM，GZMDM）

**表 6-20  17 表数据**

| 含义 | 数据种类 | 是否空 | 默认 | 排序 |
|---|---|---|---|---|
| 单位代码 | VARCHAR2（4） | N | | |
| 报表月份 | DATE | N | | |
| 掘进装载代码 | VARCHAR2（6） | N | | |
| 掘进装载名称 | VARCHAR2（40） | Y | | |
| 期末实有台数 | NUMBER | Y | | |
| 期末装备台数 | NUMBER | Y | | |
| 平均开动台数 | NUMBER | Y | | |
| 工作量 | NUMBER | Y | | |
| 报出时间 | DATE | Y | | |
| 录入人员 | VARCHAR2（20） | Y | | |
| 单位 | VARCHAR2（20） | Y | | |
| 部门 | VARCHAR2（20） | Y | | |

主键（BBYF，DWDM，GZMDM）

表 6-21　7 表数据

| 含义 | 数据种类 | 是否空 | 默认 | 排序 |
|---|---|---|---|---|
| 单位代码 | VARCHAR2 (4) | N | | |
| 报表月份 | DATE | N | | |
| 机炮采代码 | VARCHAR2 (10) | N | | |
| 机炮采名称 | VARCHAR2 (40) | Y | | |
| 回采产量 | NUMBER | Y | | |
| 期末工作面个数 | NUMBER | Y | | |
| 个数其中备用 | NUMBER | Y | | |
| 期末工作面总长度 | NUMBER | Y | | |
| 长度其中备用 | NUMBER | Y | | |
| 工作面平均个数 | NUMBER | Y | | |
| 工作面平均总长度 | NUMBER | Y | | |
| 采煤面积 | NUMBER | Y | | |
| 工日数 | NUMBER | Y | | |
| 报出时间 | DATE | Y | | |
| 录入人员 | VARCHAR2 (20) | Y | | |
| 单位 | VARCHAR2 (20) | Y | | |
| 部门 | VARCHAR2 (20) | Y | | |

主键（BBYF, DWDM, JPCDM）

表 6-22　报表人员

| 含义 | 数据种类 | 是否空 | 默认 | 排序 |
|---|---|---|---|---|
| 单位负责人 | VARCHAR2 (20) | Y | | |
| 审核人 | VARCHAR2 (20) | Y | | |
| 处（科）制表人 | VARCHAR2 (20) | Y | | |
| 部门 | NVARCHAR2 (20) | N | | |

主键（BM）

表 6-23　用电数据

| 含义 | 数据种类 | 是否空 | 默认 | 排序 |
|---|---|---|---|---|
| 单位代码 | VARCHAR2 (4) | N | | |
| 报表月份 | DATE | N | | |
| 综合用电计划 | NUMBER | Y | 0 | |

表6-23（续）

| 含义 | 数据种类 | 是否空 | 默认 | 排序 |
|---|---|---|---|---|
| 综合用电实际 | NUMBER | Y | 0 | |
| 原煤生产用电 | NUMBER | Y | 0 | |
| 无功电量 | NUMBER | Y | 0 | |
| 功率因数 | NUMBER | Y | 0 | |
| 最大负荷 | NUMBER | Y | 0 | |
| 综合电耗计划 | NUMBER | Y | 0 | |
| 原煤生产电耗计划 | NUMBER | Y | 0 | |
| 转供电量 | NUMBER | Y | 0 | |
| 报出时间 | DATE | Y | | |
| 录入人员 | VARCHAR2（20） | Y | | |
| 单位 | VARCHAR2（20） | Y | | |
| 部门 | VARCHAR2（20） | Y | | |
| 平均负荷 | NUMBER | Y | 0 | |
| 原煤总产量 | NUMBER | Y | 0 | |
| 矿井加露天产量 | NUMBER | Y | 0 | |
| 功率因数累计 | NUMBER | Y | 0 | |
| 最大负荷累计 | NUMBER | Y | 0 | |
| 平均负荷累计 | NUMBER | Y | 0 | |

主键（BBYF，DWDM）

此外，系统还有大量视图，由于篇幅限制，详情请参看程序。

# 6.5　本章小结

本章讨论了矿业生产管理系统中的生产统计管理子系统设计。包括生产统计概述、系统调研、系统分析、系统设计四部分。生产统计概述包括统计研究概况和企业组织结构介绍；系统调研包括系统现状、系统可行性分析、系统业务流程介绍、现行系统的缺点、系统的目标；系统分析包括数据流程图和数据字典；系统设计包括系统结构设计、代码设计、输出设计、输入设计、人机对话设计和数据库设计。生产统计管理是实现生产最优化方案制订的基础。根据需求和实际情况制订生产方案，控制生产进度，保障生产安全。

# 第7章 设备管理子系统设计

## 7.1 设备管理概述

设备管理按照日常业务划分，主要包括设备购置、设备维修、设备调拨、设备租赁、设备监控、设备报废和设备基础信息管理。设备管理职能部门包括机电动力部，各分公司机电部门和租赁站。机电动力部负责全公司设备的技术与业务管理，各分公司机电部门负责本单位设备的技术与业务管理，而租赁站负责全公司所有租赁设备的管理。设备基础信息管理是其他业务管理的基础，其他业务管理只有架构在正确统一的设备基础信息之上才有意义。但是，设备管理部门现有的设备基础信息与本单位财务部门对应的固定资产信息不一致（前者信息往往滞后于后者信息，主要是编码不统一，录入差异和资产清查，资产评估等原因引起的不一致）。鉴于以上原因，给出以下系统设计方案。

## 7.2 系统分析

① 设备购置管理业务流程图，如图7-1所示。
② 设备维修管理业务流程图，如图7-2所示。
③ 设备调拨业务流程图，如图7-3所示。

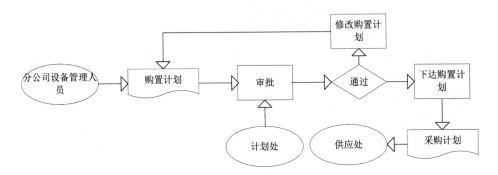

**图 7-1　设备购置管理业务流程图**

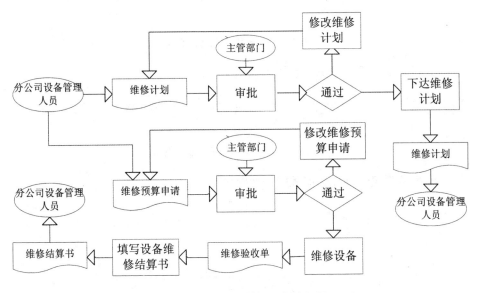

**图 7-2　设备维修管理业务流程图**

**图 7-3　设备调拨业务流程图**

④ 设备租赁业务流程图，如图 7-4 所示。

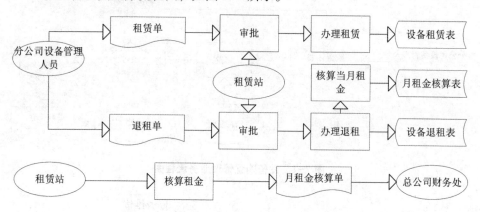

**图 7-4　设备租赁业务流程图**

⑤ 设备监控管理业务流程图，如图 7-5 所示。

**图 7-5　设备监控管理业务流程图**

⑥ 设备报废管理业务流程图，如图 7-6 所示。

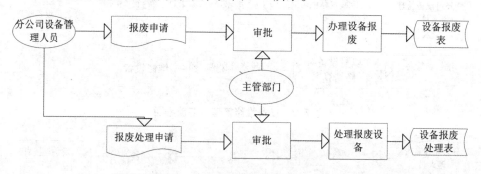

**图 7-6　设备报废管理业务流程图**

# 7.3　系统设计

## 7.3.1　网络设计

本系统使用 B/S 和 C/S 相结合结构，B/S 结构系统架构图如图 7-7 所示。

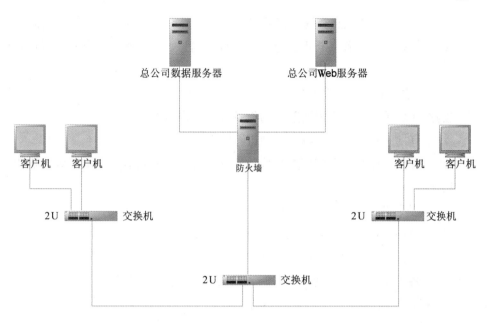

图 7-7　B/S 结构系统架构图

## 7.3.2　软件设计

（1）系统概况

本系统包括固定资产管理、购置管理、调拨管理、租赁管理、报废管理、设备监控管理、设备维修管理、设备文件管理和数据共享九个模块。

（2）各管理模块概述

① 固定资产管理：包括固定资产卡片管理、技术档案管理和固定资产综合信息查询。

· 固定资产卡片管理。

固定资产信息获取：按照规定时间，系统自动获取总公司财务部门和各分公司财务部门有关设备的固定资产信息。

固定资产卡片查询：按照卡片编号或资产名称查询固定资产卡片信息（各单位只具有查询本单位固定资产卡片信息的权限）。

· 技术档案管理。

技术档案信息录入：选择目标设备，录入相应设备出厂技术资料（包括产地、说明书、图纸和附属图片等），相同设备录入一次即可。

技术档案信息查询：按照卡片编号、资产编号或资产名称查询设备技术资料档案。

• 固定资产综合信息查询。按照卡片编号、资产名称或资产编号查询固定资产综合信息（包括设备折旧信息、设备维修信息、设备状态信息和固定资产卡片）。

② 购置管理。

购置计划录入：录入需要购置的设备（单台录入）；

计划审批：对已录入的购置计划进行审批；

计划查询：按照计划年度查询购置计划（各单位只具有查询本单位的购置计划的权限）。

③ 调拨管理。

调拨设备录入：录入需要调拨的设备；

调拨设备信息查询：按照资产名称、资产编号或资产卡片编号查询调拨设备信息（各单位只具有查询本单位调入或调出的设备信息的权限）。

④ 租赁管理。

• 租赁。

租赁申请：各单位按需填写设备申请表；

审批：审批各单位填写的租赁申请表，将通过审批的设备添加到设备租赁表，更改相应固定资产的状态信息（由库存变为已租）；

设备租赁信息查询：按照资产编号、资产名称或资产卡片编号查询设备租赁信息（各单位只具有查询本单位设备租赁信息的权限）。

• 租金核算。

租赁设备租金核算：计算所有已租出设备的当月租金；

租金信息查询：查询各单位的月租金和年租金信息，以及所有单位月租金和年租金汇总信息。

• 退租。

退租申请：各单位按需填写退租申请表；

审批：审批各单位填写的退租申请表，将通过审批的设备添加到退租设备表，更改相应固定资产的状态信息（由已租变为库存）；

设备退租信息查询：按照资产编号、资产名称或资产卡片编号查询设备退租信息（各单位只具有查询本单位设备退租信息的权限）。

• 核算参数维护：更改租赁设备的大、中修率和提取条件（即上浮、下浮的条件）。

⑤ 报废管理。

报废申请：各单位填写设备报废申请表；

审批：如果审批通过，打印输出上报到上级部门审批；

设备报废：将通过审批的报废设备添加到报废设备表；

报废设备信息查询：按照资产编号、资产名称或资产卡片编号查询报废设备信息（各单位只具有查询本单位设备报废信息的权限）。

⑥ 设备监控管理。

设备状态信息录入：各部门按时（一月一填）填写设备状态情况表；

设备状态信息统计：按照单位统计设备使用情况；

设备状态信息查询：按照部门、单位查询设备使用情况；

维修计划录入：各单位按照规定时间录入维修计划；

⑦ 设备维修管理。

审批：对已录入的维修计划进行审批；

设备维修信息录入：由各单位根据自己设备的实际维修情况填写设备维修的详细信息；

设备维修信息查询：按照资产编号、资产名称或资产卡片编号查询设备维修信息（各单位只具有查询本单位设备维修信息的权限）。

⑧ 设备文件管理。

上传文件：机电动力部将编辑好的 Word 文件（设备管理文件）上传到服务器上；

文件查看：各单位点击相应文件即可查看。

⑨ 数据共享。

为了实现设备管理部门的设备基础信息与财务部门的固定资产信息保持一致和统一，取消设备基础信息的录入，设备基础信息完全从财务部门获得。该功能由数据共享模块来完成。

数据共享设计要求。

财务系统数据库采用 SQL Server 2000。

设备管理系统数据库采用 Oracle 9i。

保证财务数据安全。

设备管理系统需要共享财务部门的固定资产卡片信息、固定资产折旧信息、固定资产类别信息、固定资产折旧方法信息、固定资产使用状况定义信息和固定资产增减方式定义信息。针对以上设计条件，数据共享模块采用 C/S 结构，并给出两种设计方案。

第一种方案：

构建一个专用子网，将总公司财务数据服务器、各分公司财务数据服务器和一台中转服务器连接起来，再将中转服务器与总公司数据服务器进行连接，只有中转服务器具有访问总公司财务数据服务器和各分公司财务数据服务器的权限，可以保证总公司财务数据服务器和各分公司财务数据服务器的数据安全。在中转服务器上设计一个 Windows 服务，每天在规定时间由此服务将总公司财务数据服务器和各分公司财务数据库服务器中有关本系统需要的数据发送到中转服务器上，然后由中转服务器对这些数据进行处理，再将处理后的数据存储到总公司的数据服务器上。C/S 系统架构图如图 7-8 所示。

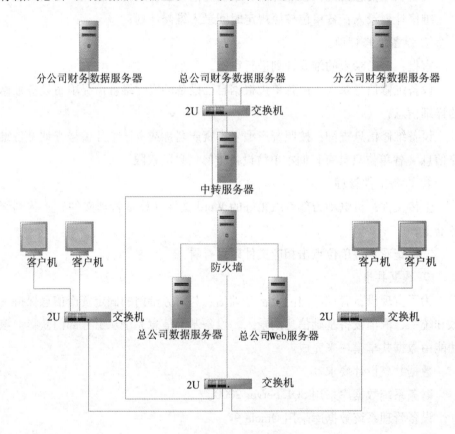

图 7-8　C/S 系统架构图

方案优点：实时性好，不需要人工参与，运行稳定，数据不易丢失。

第二种方案：

总公司财务数据服务器和各分公司财务数据服务器独立运行，分别设计一个 Windows 服务部署到相应的数据服务器上，按照规定时间，这些 Windows 服务将本系统需要的数据导出到本机的一个 Access 数据库文件里，然后由总公司财务人员和各分公司财务人员将相应的数据库文件分别拷贝到一台连接内网的计算机上，再将这些文件上传到中转服务器，设计一个 Windows 服务部署在中转服务器上，由此服务从这些数据库文件中获得数据，经过处理存储到总公司的数据服务器上。C/S 系统架构图如图 7-9 所示。

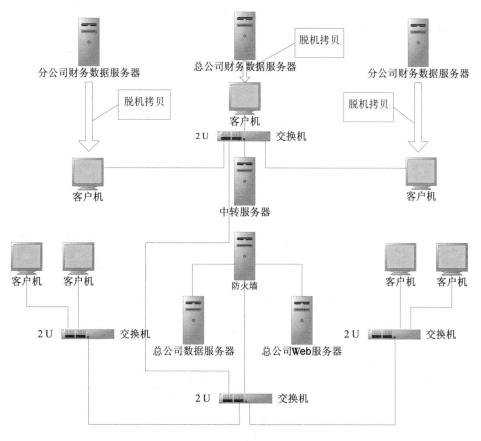

图 7-9　C/S 系统架构图

方案优点：财务数据比较安全；

方案缺点：实时性差，数据容易丢失，系统扩展性差，系统运行不稳定，需要人工参与。

（3）数据流程图

如图 7-10 和图 7-11 所示。

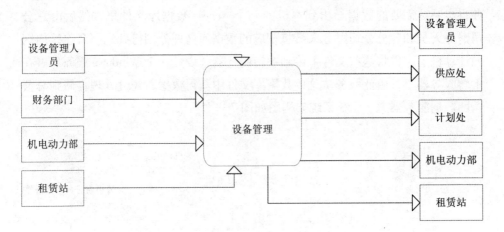

**图 7-10　总体数据流程图**

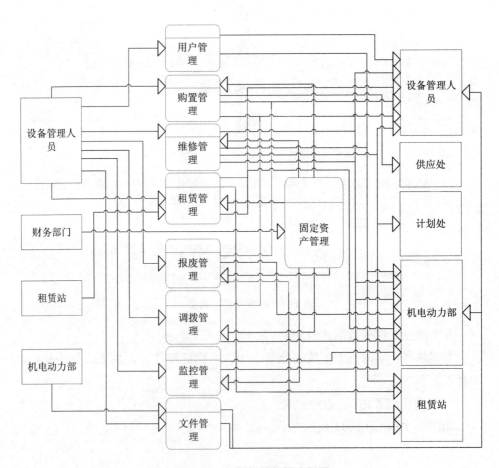

**图 7-11　一级细化数据流程图**

二级细化数据流程图如下。

- 设备购置管理数据流程图，如图 7-12 所示。

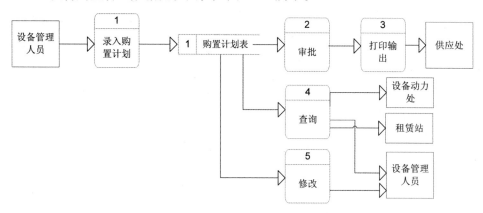

图 7-12　设备购置管理数据流程图

- 设备维修管理数据流程图，如图 7-13 所示。

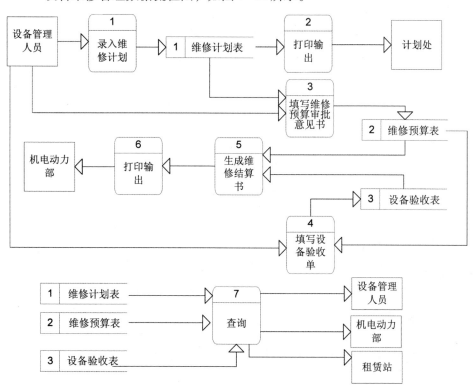

图 7-13　设备维修管理数据流程图

• 设备调拨管理数据流程图，如图 7-14 所示。

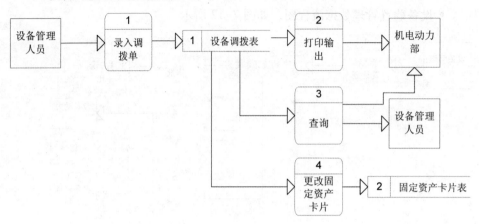

图 7-14 设备调拨管理数据流程图

• 设备租赁管理数据流程图，如图 7-15 所示。

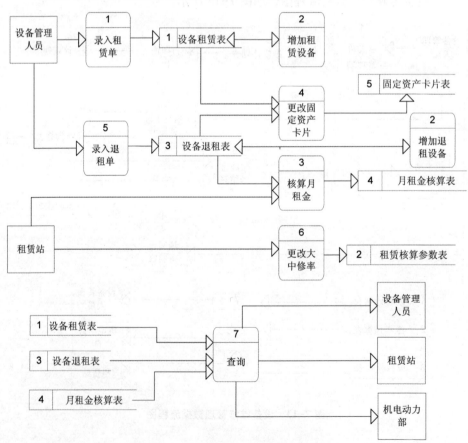

图 7-15 设备租赁管理数据流程图

● 用户管理数据流程图，如图 7-16 所示。

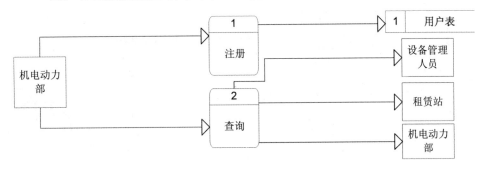

**图 7-16　用户管理数据流程图**

● 设备报废管理数据流程图，如图 7-17 所示。

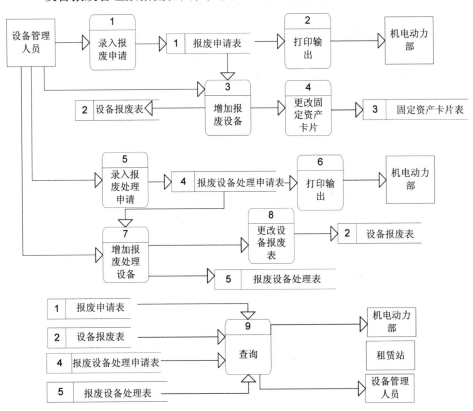

**图 7-17　设备报废管理数据流程图**

● 设备监控管理数据流程图，如图 7-18 所示。

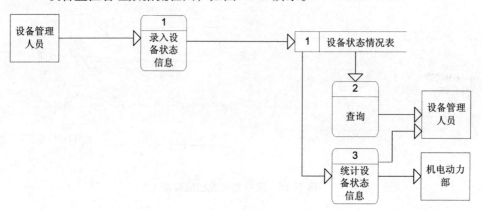

**图 7-18　设备监控管理数据流程图**

● 设备文件管理数据流程图，如图 7-19 所示。

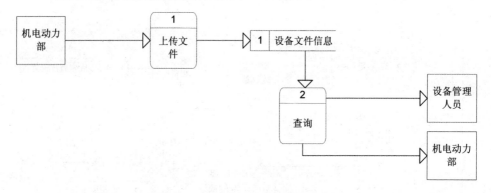

**图 7-19　设备文件管理数据流程图**

● 固定资产管理数据流程图，如图 7-20 所示。

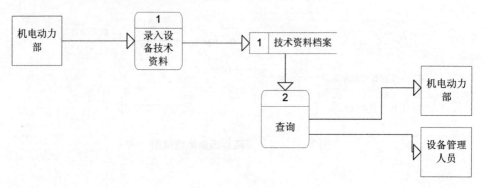

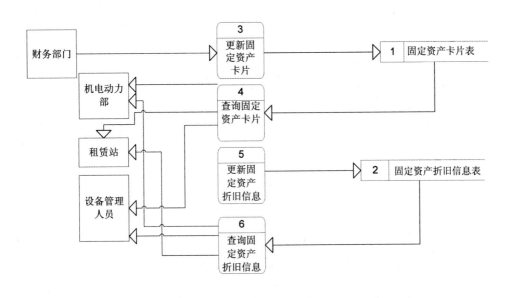

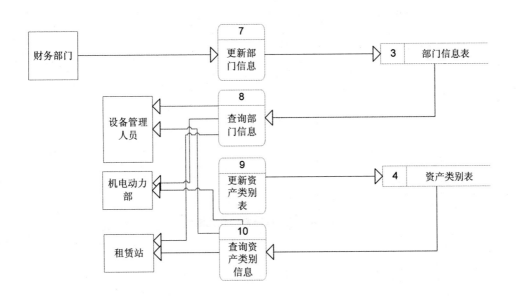

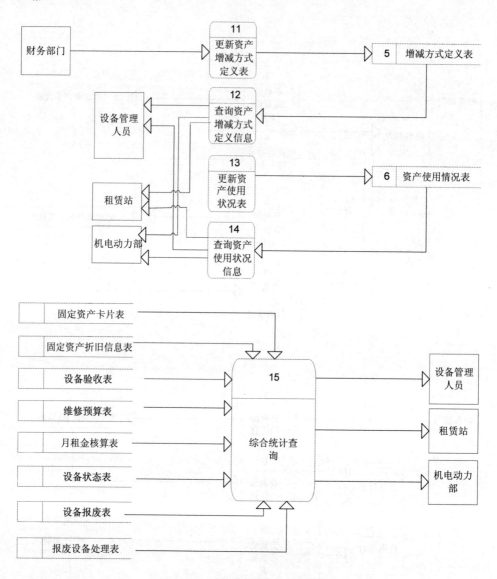

**图 7-20　固定资产管理数据流程图**

（4）系统

系统的设备管理结构如图 7-21 所示。

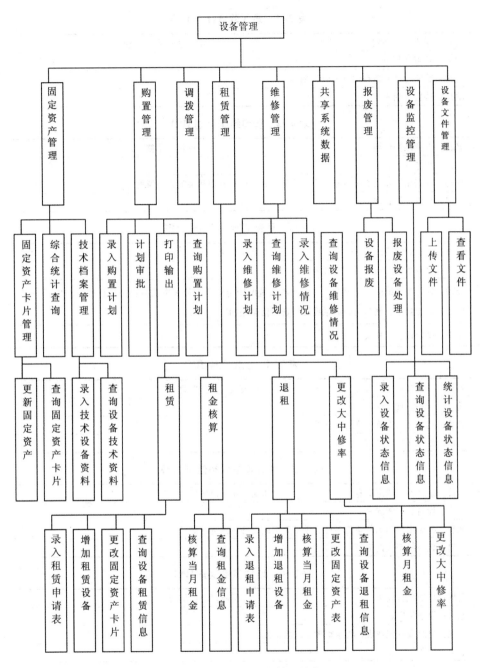

**图 7-21　系统的设备管理结构**

（5）系统的 IPO

系统中各 IPO 如表 7-1 至表 7-11 所示。

### 表 7-1　录入购置计划 IPO

| 名称：录入购置计划 | 所属模块：购置管理 |
| --- | --- |
| 输入：购置计划单 | |
| 处理：将购置计划单存储到购置计划表 | |
| 输出：购置计划表 | |

### 表 7-2　查询维修计划 IPO

| 名称：查询维修计划 | 所属模块：维修管理 |
| --- | --- |
| 输入：维修计划表 | |
| 处理：根据用户输入的查询条件，从维修计划表中检索出相关的设备维修计划信息 | |
| 输出：维修计划查询信息 | |

### 表 7-3　更新固定资产卡片 IPO

| 名称：更新固定资产卡片 | 所属模块：固定资产卡片管理 |
| --- | --- |
| 输入：财务系统的固定资产卡片表 | |
| 处理：将财务系统的固定资产卡片表和本系统的固定资产卡片表中的数据进行比较，如果不一致，更改本系统数据，使其与财务系统固定资产信息相同 | |
| 输出：固定资产卡片表 | |

### 表 7-4　上传文件 IPO

| 名称：上传文件 | 所属模块：文件管理 |
| --- | --- |
| 输入：设备管理文件 | |
| 处理：选择需要上传的文件，选好之后，点击上传即可 | |
| 输出：设备文件信息表 | |

### 表 7-5　统计设备状态信息 IPO

| 名称：统计设备状态信息 | 所属模块：设备监控管理 |
| --- | --- |
| 输入：设备状态情况表 | |
| 处理：根据用户输入的单位名称、设备类别或设备名称进行统计 | |
| 输出：设备状态查询信息 | |

### 表 7-6　增加租赁设备 IPO

| 名称：增加租赁设备 | 所属模块：租赁 |
| --- | --- |
| 输入：设备租赁表 | |
| 处理：更改设备租赁表，将未审批更改为审批 | |
| 输出：设备租赁表 | |

### 表 7-7   核算当月租金 IPO

| | |
|---|---|
| 名称：核算当月租金 | 所属模块：租金核算 |
| 输入：固定资产折旧信息表、租赁核算参数表、设备租赁表 | |
| 处理：根据用户输入的部门单位，系统从设备租赁表中取出该部门单位租赁的设备，再根据租赁设备的编号，从固定资产折旧信息表中取出对应设备的当月折旧。从租赁核算参数表中取出大中修率，核算该部门的本月租金，生成月租金核算表 | |
| 输出：月租金核算表 | |

### 表 7-8   更改固定资产表 IPO

| | |
|---|---|
| 名称：更改固定资产表 | 所属模块：退租 |
| 输入：设备退租表 | |
| 处理：根据退租的设备编号，更改固定资产卡片表中的部门编号，由租赁单位更改为租赁站 | |
| 输出：固定资产卡片表 | |

### 表 7-9   更改大中修率 IPO

| | |
|---|---|
| 名称：更改大中修率 | 所属模块：更改大中修率 |
| 输入：租赁核算参数表 | |
| 处理：将更改后的大中修率存储到租赁核算参数表 | |
| 输出：租赁核算参数表 | |

### 表 7-10   录入设备技术资料 IPO

| | |
|---|---|
| 名称：录入设备技术资料 | 所属模块：技术资料管理 |
| 输入：技术资料信息 | |
| 处理：用户选择目标设备，输入设备的技术资料，选择上传的图纸和图片，系统一并将其存储到技术资料档案 | |
| 输出：技术资料档案 | |

### 表 7-11   打印输出 IPO

| | |
|---|---|
| 名称：打印输出 | 所属模块：购置管理 |
| 输入：购置计划表 | |
| 处理：根据用户选择的购置设备，生成购置计划单并打印 | |
| 输出：购置计划单 | |

（6）编码设计

设备编码方式与财务系统资产编码统一，采用国家 1994 年实施的固定资产分类与代码标准。设备编码共 13 位，具体情况如图 7-22 所示。

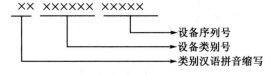

图 7-22   设备编码

例如：联合采煤机属于专用设备，类别编号为 254101，序号为 1，则该联合采煤机编码为 ZY25410100001。

（7）数据库设计

E-R 图，如图 7-23 所示。

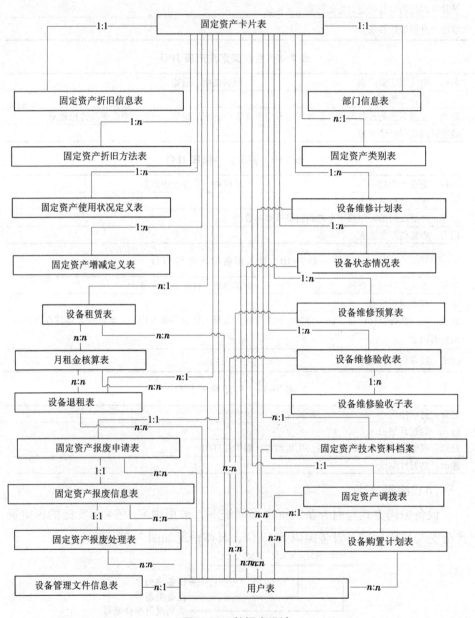

图 7-23　数据库设计

本系统数据库中所有表均满足第三范式，各表详细信息如表 7-12 至表 7-34 所示。

表 7-12　单位名称（固定资产卡片表）

| 列的意义 | 类型 |
| --- | --- |
| 固定资产卡片编号，主键 | Varchar（10） |
| 固定资产名称 | Varchar（50） |
| 固定资产编号 | Varchar（30） |
| 类别编号 | Varchar（10） |
| 规格型号 | Varchar（50） |
| 数量 | Number（10） |
| 资产增减方式编码 | Varchar（10） |
| 使用状况编码 | Varchar（10） |
| 工作量单位 | Varchar（10） |
| 工作总量 | Float（10） |
| 币种 | Varchar（10） |
| 原值 | Float（10） |
| 外币原值 | Float（10） |
| 净残值 | Float（10） |
| 净残值率 | Float（10） |
| 汇率 | Float（10） |
| 存放地点 | Varchar（12） |
| 部门编号 | Varchar（10） |
| 使用年限 | Number（10） |
| 开始使用日期 | Date |
| 录入日期 | Date |
| 使用单位编号 | Varchar（10） |
| 折旧方法编码 | Varchar（10） |

表 7-13　单位名称（固定资产折旧信息表）

| 列的意义 | 类型 |
| --- | --- |
| 固定资产编号，主键 | Varchar（30） |
| 固定资产卡片编号 | Varchar（10） |
| 一月份折旧 | Float（10） |

表7-13（续）

| 列的意义 | 类型 |
| --- | --- |
| 一月份累计折旧 | Float（10） |
| 一月份已使用月份 | Number（10） |
| 一月份已计提月份 | Number（10） |
| 二月份折旧 | Float（10） |
| 二月份累计折旧 | Float（10） |
| 二月份已使用月份 | Number（10） |
| 二月份已计提月份 | Number（10） |
| 三月份折旧 | Float（10） |
| 三月份累计折旧 | Float（10） |
| 三月份已使用月份 | Number（10） |
| 三月份已计提月份 | Number（10） |
| 四月份折旧 | Float（10） |
| 四月份累计折旧 | Float（10） |
| 四月份已使用月份 | Number（10） |
| 四月份已计提月份 | Number（10） |
| 五月份折旧 | Float（10） |
| 五月份累计折旧 | Float（10） |
| 五月份已使用月份 | Number（10） |
| 五月份已计提月份 | Number（10） |
| 六月份折旧 | Float（10） |
| 六月份累计折旧 | Float（10） |
| 六月份已使用月份 | Number（10） |
| 六月份已计提月份 | Number（10） |
| 七月份折旧 | Float（10） |
| 七月份累计折旧 | Float（10） |
| 七月份已使用月份 | Number（10） |
| 七月份已计提月份 | Number（10） |
| 八月份折旧 | Float（10） |
| 八月份累计折旧 | Float（10） |
| 八月份已使用月份 | Number（10） |

表7-13(续)

| 列的意义 | 类型 |
|---|---|
| 八月份已计提月份 | Number（10） |
| 九月份折旧 | Float（10） |
| 九月份累计折旧 | Float（10） |
| 九月份已使用月份 | Number（10） |
| 九月份已计提月份 | Number（10） |
| 十月份折旧 | Float（10） |
| 十月份累计折旧 | Float（10） |
| 十月份已使用月份 | Number（10） |
| 十月份已计提月份 | Number（10） |
| 十一月份折旧 | Float（10） |
| 十一月份累计折旧 | Float（10） |
| 十一月份已使用月份 | Number（10） |
| 十一月份已计提月份 | Number（10） |
| 十二月份折旧 | Float（10） |
| 十二月份累计折旧 | Float（10） |
| 十二月份已使用月份 | Number（10） |
| 十二月份已计提月份 | Number（10） |

表 7-14　部门信息表

| 列的意义 | 类型 |
|---|---|
| 部门编号，主键 | Varchar（16） |
| 部门名称 | Varchar（50） |
| 一级编号 | Varchar（16） |
| 二级编号 | Varchar（16） |
| 三级编号 | Varchar（16） |
| 四级编号 | Varchar（16） |
| 五级编号 | Varchar（16） |
| 单位编号 | Varchar（16） |
| 单位名称 | Varchar（50） |

**表 7-15　固定资产增减定义表**

| 列的意义 | 类型 |
| --- | --- |
| 增加方式编号，主键 | Varchar（10） |
| 减少方式编号 | Varchar（10） |
| 增减方式名称 | Varchar（30） |

**表 7-16　固定资产类别表**

| 列的意义 | 类型 |
| --- | --- |
| 类型编号，主键 | Varchar（10） |
| 类型名称 | Varchar（30） |
| 一级编号 | Varchar（10） |
| 二级编号 | Varchar（10） |
| 三级编号 | Varchar（10） |
| 四级编号 | Varchar（10） |

**表 7-17　固定资产折旧方法表**

| 列的意义 | 类型 |
| --- | --- |
| 折旧方法编号，主键 | Varchar（10） |
| 折旧方法名称 | Varchar（30） |

**表 7-18　固定资产使用状况定义表**

| 列的意义 | 类型 |
| --- | --- |
| 使用状况编号，主键 | Varchar（10） |
| 使用状况名称 | Varchar（30） |

**表 7-19　设备购置计划表**

| 列的意义 | 类型 |
| --- | --- |
| 资产类别编号，主键 | Varchar（20） |
| 设备名称 | Varchar（50） |
| 规格型号 | Varchar（50） |
| 单位 | Varchar（10） |
| 数量 | Number（10） |
| 金额 | Float（10） |
| 填报单位 | Varchar（50） |
| 是否审批 | Number（10） |

表7-19（续）

| 列的意义 | 类型 |
| --- | --- |
| 计划年份，主键 | Number（10） |
| 填报日期 | Date |
| 填报人 | Varchar（10） |
| 备注 | Varchar（50） |

表 7-20　设备维修计划表

| 列的意义 | 类型 |
| --- | --- |
| 资产编号，主键 | Varchar（30） |
| 检修内容 | Varchar（50） |
| 单位 | Varchar（10） |
| 数量 | Number（10） |
| 金额 | Float（10） |
| 维修种类 | Varchar（10） |
| 填报单位 | Varchar（50） |
| 填报日期，主键 | Date |
| 填报人 | Varchar（10） |
| 备注 | Varchar（50） |

表 7-21　设备维修预算表

| 列的意义 | 类型 |
| --- | --- |
| 预算单号，主键 | Varchar（15） |
| 设备编号 | Varchar（30） |
| 数量 | Number（10） |
| 维修种类 | Varchar（10） |
| 计划金额 | Float（10） |
| 人工费 | Float（10） |
| 配件费 | Float（10） |
| 材料费 | Float（10） |
| 机械费 | Float（10） |
| 其他费 | Float（10） |
| 开工时间 | Date |
| 竣工时间 | Date |

表7-21(续)

| 列的意义 | 类型 |
|---|---|
| 填报单位 | Varchar (50) |
| 审批金额 | Float (10) |
| 审批单位 | Varchar (50) |
| 审批人 | Varchar (10) |
| 审批意见 | Varchar (200) |
| 审批日期 | Date |

表 7-22　设备维修验收表

| 列的意义 | 类型 |
|---|---|
| 预算单号,主键 | Varchar (15) |
| 设备编号 | Varchar (30) |
| 开工时间 | Date |
| 竣工时间 | Date |
| 检修单位 | Varchar (50) |
| 施工负责人 | Varchar (10) |
| 机械验收人 | Varchar (10) |
| 填报单位 | Varchar (50) |
| 实际费用 | Float (10) |
| 人工费 | Float (10) |
| 配件费 | Float (10) |
| 材料费 | Float (10) |
| 机械费 | Float (10) |
| 填报日期 | Date |
| 数量 | Number (10) |

表 7-23　设备维修验收子表

| 列的意义 | 类型 |
|---|---|
| 设备编号,主键 | Varchar (30) |
| 更换部件名称 | Varchar (50) |
| 规格型号 | Varchar (50) |
| 单位 | Varchar (10) |
| 数量 | Number (10) |

表7-23（续）

| 列的意义 | 类型 |
|---|---|
| 金额 | Float（10） |
| 备注 | Varchar（50） |

**表 7-24　固定资产报废申请表**

| 列的意义 | 类型 |
|---|---|
| 资产编号，主键 | Varchar（30） |
| 资产名称 | Varchar（50） |
| 规格型号 | Varchar（50） |
| 单位 | Varchar（10） |
| 数量 | Number（10） |
| 规定年限 | Number（10） |
| 已使用年限 | Number（10） |
| 破损程度 | Varchar（30） |
| 原值 | Float（10） |
| 已提折旧 | Float（10） |
| 余值 | Float（10） |
| 净残值 | Float（10） |
| 填报单位，主键 | Varchar（30） |
| 填报日期 | Date |
| 填报人 | Varchar（10） |

**表 7-25　固定资产报废信息表**

| 列的意义 | 类型 |
|---|---|
| 资产编号，主键 | Varchar（30） |
| 资产名称 | Varchar（50） |
| 规格型号 | Varchar（50） |
| 原值 | Float（10） |
| 规定年限 | Number（10） |
| 使用年限 | Number（10） |
| 已提折旧 | Float（10） |
| 破损程度 | Varchar（30） |
| 余值 | Float（10） |

表7-25（续）

| 列的意义 | 类型 |
|---|---|
| 净残值 | Float（10） |
| 存放地点 | Varchar（50） |
| 报废日期 | Date |
| 原属单位，主键 | Varchar（50） |
| 填报人 | Varchar（10） |
| 单位 | Varchar（10） |
| 数量 | Number（10） |

表 7-26　固定资产报废处理表

| 列的意义 | 类型 |
|---|---|
| 资产编号，主键 | Varchar（30） |
| 所属单位，主键 | Varchar（50） |
| 单位 | Varchar（10） |
| 数量 | Number（10） |
| 单价 | Float（10） |
| 金额 | Float（10） |
| 备注 | Varchar（50） |
| 填报人 | Varchar（10） |

表 7-27　固定资产调拨表

| 列的意义 | 类型 |
|---|---|
| 资产编号，主键 | Varchar（30） |
| 单位 | Varchar（10） |
| 数量 | Number（10） |
| 附属设备 | Varchar（50） |
| 备注 | Varchar（50） |
| 调出单位，主键 | Varchar（50） |
| 调入单位，主键 | Varchar（50） |
| 调拨时间 | Date |
| 填报人 | Varchar（10） |

表 7-28　设备租赁表

| 列的意义 | 类型 |
|---|---|
| 资产编号，主键 | Varchar（30） |
| 设备名称 | Varchar（50） |
| 规格型号 | Varchar（50） |
| 单位 | Varchar（10） |
| 数量 | Number（10） |
| 租赁期限 | Number（10） |
| 还回日期 | Date |
| 原值 | Float（10） |
| 月提折旧 | Float（10） |
| 月收费用 | Float（10） |
| 附件 | Varchar（50） |
| 出库日期 | Date |
| 租用单位 | Varchar（50） |
| 是否审批 | Number（10） |
| 填报人 | Varchar（10） |

表 7-29　设备退租表

| 列的意义 | 类型 |
|---|---|
| 资产编号，主键 | Varchar（30） |
| 设备名称 | Varchar（50） |
| 规格型号 | Varchar（50） |
| 单位 | Varchar（10） |
| 数量 | Number（10） |
| 附属设备 | Varchar（50） |
| 原值 | Float（10） |
| 已提折旧 | Float（10） |
| 余值 | Float（10） |
| 退租单位 | Varchar（50） |
| 退租日期 | Date |
| 是否审批 | Number（10） |
| 填报人 | Varchar（10） |

表 7-30 月租金核算表

| 列的意义 | 类型 |
| --- | --- |
| 资产编号，主键 | Varchar（30） |
| 核算日期 | Date |
| 数量 | Number（10） |
| 原值 | Float（10） |
| 月折旧费用 | Float（10） |
| 月大修费用 | Float（10） |
| 月中修费用 | Float（10） |
| 管理费用 | Float（10） |
| 合计 | Float（10） |
| 核算人 | Varchar（10） |

表 7-31 t_ user（用户表）

| 列的意义 | 类型 |
| --- | --- |
| 用户名，主键 | Varchar（10） |
| 密码 | Varchar（20） |
| 姓名 | Varchar（10） |
| 单位编号 | Varchar（16） |
| 部门编号 | Varchar（16） |
| 权限级别 | Varchar（15） |

表 7-32 设备状态情况表

| 列的意义 | 类型 |
| --- | --- |
| 设备名称，主键 | Varchar（50） |
| 实有台数 | Number（10） |
| 使用台数 | Number（10） |
| 使用率 | Float（10） |
| 完好台数 | Number（10） |
| 完好率 | Float（10） |
| 停运待修 | Number（10） |
| 待修率 | Float（10） |
| 本期事故次数 | Number（10） |

表7-32（续）

| 列的意义 | 类型 |
| --- | --- |
| 本期影响产量 | Float（10） |
| 本期事故率 | Float（10） |
| 合计检修台数 | Number（10） |
| 大修台数 | Number（10） |
| 备注 | Varchar（50） |
| 填报日期 | Date |
| 部门编号 | Varchar（16） |
| 单位编号 | Varchar（16） |
| 填报年度 | Number（10） |
| 填报月份 | Number（10） |
| 填报人 | Varchar（10） |

表7-33　固定资产技术资料档案

| 列的意义 | 类型 |
| --- | --- |
| 资产名称，主键 | Varchar（50） |
| 类别编号 | Varchar（10） |
| 产地 | Varchar（100） |
| 说明书 | Varchar（50） |
| 技术图纸 | Varchar（50） |
| 附图1 | Varchar（50） |
| 附图2 | Varchar（50） |
| 附图3 | Varchar（50） |

表7-34　设备管理文件信息表

| 列的意义 | 类型 |
| --- | --- |
| 文件名，主键 | Varchar（50） |
| 文件地址 | Varchar（100） |
| 上传时间 | Date |

## 7.4 软件开发计划

### 7.4.1 开发目的

本软件是针对设备管理的应用软件，通过与财务系统软件相结合，实现账、卡、物的真正统一。每批设备入账之后，该批设备的详细信息便能传送到本系统，设备管理人员可以基于这些信息开展日常的业务。本软件实现对设备生命周期的全程跟踪，从设备入账到报废处理，之间的所有状态均有记录，为设备管理人员和主管领导提供详细可靠的数据。

### 7.4.2 工作内容

（1）软件开发

本软件包括固定资产管理、购置管理、维修管理、租赁管理、设备调拨管理、设备监控管理、设备报废管理、设备文件管理和数据共享九个模块。

开发顺序依次为：数据共享、购置管理、维修管理、租赁管理、设备监控管理、设备调拨管理、设备报废管理、固定资产管理、文件管理。

（2）软件测试

软件测试主要分两个部分，数据共享和设备管理系统（固定资产管理、购置管理、维修管理、租赁管理、设备调拨管理、设备监控管理、设备报废管理和设备文件管理）。软件测试方法采用黑盒和白盒相结合的方法。

### 7.4.3 开发工具

本系统开发工具采用 Visual Studio. Net 2003，数据库采用 Oracle 9i 和 Access，设备管理系统数据库采用 Oracle 9i，共享数据库采用 Access。

### 7.4.4 开发周期

本系统最长开发期限为一年，最短开发期限为 6 个月。

## 7.5　本章小结

　　本章讨论了矿业生产管理系统中的设备管理子系统设计。主要包括设备管理概述、系统分析、系统设计、软件开发计划等。其中，系统设计又包括网络设计和软件设计；软件开发计划包括开发目的、工作内容、开发工具和开发周期。对于设备管理子系统，需要掌握每台设备的初始情况、工作情况和维护情况。保障设备连续不断地支持生产活动，适当合理地调配设备，以满足生产活动不间断的要求。

# 第8章 系统安全设计

以 Internet 为代表的全球性信息化浪潮迅猛发展，信息网络技术的应用正日益普及和广泛，应用层次正在深入，应用领域也从传统的、小型业务系统逐渐向大型、关键业务系统扩展，典型的如行政部门业务系统、金融业务系统、企业商务系统、物资供应系统等。伴随网络的普及，网络安全也日益成为影响网络效能的重要问题，Internet 所具有的开放性、国际性和自由性在增加应用自由度的同时，对安全提出了更高的要求。如何使网络信息系统不受黑客和工业间谍的入侵，已成为政府机构、企事业单位信息化健康发展所必须考虑和解决的重要问题。

##  8.1　系统安全概要

在网络安全方面，主要考虑两个大的层次：一是整个网络结构成熟化，主要是优化网络结构；二是整个网络系统的安全。

### 8.1.1　网络结构

安全系统是建立在网络系统之上的，网络结构的安全是安全系统成功建立的基础。在整个网络结构的安全方面，主要考虑网络结构、系统和路由的优化。

网络结构的建立要考虑环境、设备配置与应用情况、远程联网方式、通信量的估算、网络维护管理、网络应用与业务定位等因素。成熟的网络结构应具有开放性、标准化、可靠性、先进性和实用性，并且应该有结构化的设计，充分利用现有资源，具有运营管理的简便性、完善的安全保障体系。网络采用分层的体系结构，利于维护管理，利于更高的安全控制和业务发展。

网络结构的优化，在网络拓扑上主要考虑到冗余链路、防火墙的设置和入侵检测的实时监控等。

## 8.1.2　网络系统安全

（1）访问控制及内外网的隔离

访问控制可以通过如下几个方面来实现：制定严格的管理制度，如《用户授权实施细则》《口令字及账户管理规范》《权限管理制度》。

配备相应的安全设备，在内部网与外部网之间，设置防火墙，实现内外网的隔离与访问控制，是保护内部网安全的最主要、最有效、最经济的措施之一。防火墙设置在不同网络或网络安全域之间信息的唯一出入口。

（2）内部网不同网络安全域的隔离及访问控制

在这里，主要利用 VLAN 技术来实现对内部子网的物理隔离。通过在交换机上划分 VLAN 可以将整个网络划分为几个不同的广播域，实现内部一个网段与另一个网段的物理隔离。这样，能防止影响一个网段的问题穿过整个网络传播。针对某些网络，在某些情况下，它的一些局域网的某个网段比另一个网段更受信任，或者某个网段比其他更敏感。通过将信任网段与不信任网段划分在不同的 VLAN 段内，可以限制局部网络安全问题对全局网络造成的影响。

（3）网络安全检测

网络系统的安全性取决于网络系统中最薄弱的环节。如何及时发现网络系统中最薄弱的环节？如何最大限度地保证网络系统的安全？最有效的方法是定期对网络系统进行安全性分析，及时发现并修正存在的弱点和漏洞。

网络安全检测工具通常是一个网络安全性评估分析软件，其功能是用实践性的方法扫描分析网络系统，检查报告系统存在的弱点和漏洞，采取补救措施和安全策略，达到增强网络安全性的目的。

检测工具应具备以下功能。

- 具备网络监控、分析和自动响应功能；
- 找出经常发生问题的根源所在；
- 建立必要的循环过程，确保隐患时刻被纠正；
- 控制各种网络安全危险；
- 漏洞分析和响应；
- 配置分析和响应；

● 漏洞形势分析和响应；

● 认证和趋势分析。

具体体现在以下方面：

● 防火墙得到合理配置；

● 内外 Web 站点的安全漏洞减为最低；

● 网络体系达到强壮的耐攻击性；

● 各种服务器操作系统，如 E-mail 服务器、Web 服务器、应用服务器，将受黑客攻击的可能降为最低；

● 对网络访问做出有效响应，保护重要应用系统（如财务系统）数据安全不受黑客攻击和内部人员误操作的侵害。

（4）审计与监控

审计是记录用户使用计算机网络系统进行所有活动的过程，它是提高安全性的重要工具。它不仅能够识别谁访问了系统，而且能看出系统正被怎样地使用。对于确定是否有网络攻击的情况，审计信息对于确定问题和攻击源很重要。同时，系统事件的记录能够更迅速和系统地识别问题，并且它是后面阶段事故处理的重要依据。另外，通过对安全事件的不断收集与积累并且加以分析，有选择性地对其中的某些站点或用户进行审计跟踪，以便对发现或可能产生的破坏性行为提供有力的证据。

因此，除使用一般的网管软件和系统监控管理系统外，还应使用目前较为成熟的网络监控设备或实时入侵检测设备，以便对进出各级局域网的常见操作进行实时检查、监控、报警和阻断，从而防止针对网络的攻击与犯罪行为。

（5）网络防病毒

由于在网络环境下，计算机病毒有不可估量的威胁性和破坏力，计算机病毒的防范是网络安全性建设中重要的一环。

网络反病毒技术包括预防病毒、检测病毒和消除病毒三种技术。

① 预防病毒技术。

它通过自身常驻系统内存，优先获得系统的控制权，监视和判断系统中是否有病毒存在，进而阻止计算机病毒进入计算机系统和对系统进行破坏。这类技术有加密可执行程序、引导区保护、系统监控与读写控制（如防病毒软件等）。

② 检测病毒技术。

它是通过对计算机病毒的特征来进行判断的技术，如自身校验、关键字、文件长度的变化等。

③ 清除病毒技术。

它通过对计算机病毒的分析，开发出具有删除病毒程序并恢复原文件的软件。

网络反病毒技术的具体实现方法包括对网络服务器中的文件进行频繁扫描和监测；在工作站上用防病毒芯片和对网络目录及文件设置访问权限等。所选的防毒软件应该构造全网统一的防病毒体系。主要面向 Mail、Web 服务器及办公网段的 PC 服务器和 PC 机等。支持对网络、服务器和工作站的实时病毒监控；能够在中心控制台向多个目标分发新版杀毒软件，并监视多个目标的病毒防治情况；支持多种平台的病毒防范；能够识别广泛的已知和未知病毒，包括宏病毒；支持对 Internet/ Intranet 服务器的病毒防治，能够阻止恶意的 Java 或 ActiveX 小程序的破坏；支持对电子邮件附件的病毒防治，包括 Word、Excel 中的宏病毒；支持对压缩文件的病毒检测；支持广泛的病毒处理选项，如对染毒文件进行实时杀毒、移出、重新命名等；支持病毒隔离，当客户机试图上载一个染毒文件时，服务器可自动关闭对该工作站的连接；提供对病毒特征信息和检测引擎的定期在线更新服务；支持日志记录功能；支持多种方式的告警功能（声音、图像、电子邮件等）等。

## 8.2　网络安全风险分析

### 8.2.1　内部办公网之间的安全隐患

由于该公司办公网络除了有正常的办公功能以外，还与其他主机相连接，如果办公网络遭到恶意攻击，直接会影响到其他主机的安全性。比如：

① 入侵者使用 Sniffer 等嗅探程序通过网络探测扫描网络及操作系统存在的安全漏洞，如网络 IP 地址、应用操作系统的类型、开放的 TCP 端口、系统保存用户名和口令等安全信息的关键文件等，并通过相应攻击程序对内网进行攻击。

② 入侵者通过网络监听等先进手段获得内部网用户的用户名、口令等信息，进而假冒内部合法身份进行非法登录，窃取内部网重要信息。

③ 入侵者通过发送大量 ping 包对内部网重要服务器进行攻击，使得服务器超负荷工作，以致拒绝服务甚至系统瘫痪。

### 8.2.2　内部局域网带来安全威胁

在已知的网络安全事件中，约70%的攻击来自内部网。首先，各节点内部网中用户之间通过网络共享网络资源。对于常用的操作系统 Windows 98/2000，其网络共享的数据便是局域网所有用户都可读甚至可写，这样，就可能因无意中把重要的涉密信息或个人隐私信息存放在共享目录下，因此，造成信息泄露。另外，内部管理人员有意或者无意泄露系统管理员的用户名、口令等关键信息；泄露内部网的网络结构及重要信息的分布情况，甚至存在内部人员编写程序通过网络进行传播，或者故意把黑客程序放在共享资源目录做个陷阱，乘机控制并入侵他人主机的情况。因此，网络安全不仅要防范外部网，同时更应防范内部网。

### 8.2.3　电子邮件应用安全

电子邮件是最为广泛的网络应用之一。内部网用户可能通过拨号或其他方式进行电子邮件发送和接收，这就存在被黑客跟踪或收到一些特洛伊木马、病毒程序等。由于许多用户安全意识比较淡薄，对一些来历不明的邮件没有警惕性，给入侵者提供了机会，给系统带来不安全因素。

### 8.2.4　网上浏览应用安全

网上浏览也是网络系统被入侵的一个不安全因素。大家知道，网络具有地域广、自由度大等特点，同时上网的有各种各样的人，网上浏览不安全因素，如从网上下载资料可能带来病毒程序或者是特洛伊木马程序；还有利用假冒手段骗取用户的关键信息，比如，入侵者首先伪造一个用户登录界面，当输入用户名及口令时，系统提示用户名或口令不正确，要求重新输入，但其实第一次输入的也是正确信息，只是第一次信息已经被入侵者传送到他的邮箱中去了，你也就因此泄露了用户名及口令。这将为你的主机受到攻击埋下安全隐患。

## 8.3　网络安全实施方案

### 8.3.1　数据备份技术

随着网络技术的发展，越来越多的企业使用计算机系统处理日常业务，以缓解日益加剧的市场竞争和不断增长的业务需求带来的压力。随着计算机的能力不断提高，数据量也在不断膨胀。一切的发展似乎已经陷入了一个可怕的循环：数据膨胀—提高计算机性能—导致新一轮的数据膨胀。

越来越多的迹象表明，使用计算机系统处理日常业务在提高效率的同时，有一个问题越来越不容忽视，即数据失效问题。一旦发生数据失效，企业就会陷入困境：客户资料、技术文件、财务账目等数据可能被破坏得面目全非，而允许恢复系统的时间可能只有短短几天！如果系统无法顺利恢复，最终结局将不堪设想。所以，企业信息化程度越高，备份和灾难恢复措施就越重要。

对计算机系统进行全面的备份，并不只是拷贝文件那么简单。一个完整的系统备份方案应包括：备份硬件、备份软件、日常备份制度（backup routines）和灾难恢复措施（disaster recovery plan）四部分。选择了备份硬件和软件后，还需要根据企业自身情况制定日常备份制度和灾难恢复措施，并由管理人员切实执行备份制度；否则，系统安全将仅仅是纸上谈兵。

目前采用的备份措施在硬件一级有磁盘镜像、磁盘阵列、双机容错等；在软件一级有数据拷贝。这几种措施的特点如下。

① 磁盘镜像（mirroring）：可以防止单个硬盘的物理损坏，但无法防止逻辑损坏。

② 磁盘阵列（disk array）：磁盘阵列一般采用 RAID5 技术，可以防止多个硬盘的物理损坏，但无法防止逻辑损坏。

③ 双机容错：SFTIII、Standby、Cluster 都属于双机容错的范畴。双机容错可以防止单台计算机的物理损坏，但无法防止逻辑损坏。

④ 数据拷贝：可以防止系统的物理损坏，可以在一定程度上防止逻辑损坏。

可以看到，前三种措施都属于硬件级备份，对火灾、水淹、线路故障造成的系统损坏和逻辑损坏则无能为力。只有第四种措施，即数据拷贝可以防止任何物理故障；在有严格的备份方案和计划的前提下，能够在一定程度上防止逻辑故障。

其实，理想的备份系统是全方位、多层次的。首先，要使用硬件备份来防止硬件故障；如果由于软件故障或人为误操作造成数据的逻辑损坏，则使用软件方式和手工方式结合的方法恢复系统。这种结合方式构成了对系统的多级防护，不仅能够有效地防止物理损坏，而且能够彻底地防止逻辑损坏。

但是理想的备份系统成本太高，不易实现。在设计备份方案时，往往只选用简单的硬件备份措施，而将重点放在软件备份措施上，用高性能的备份软件来防止逻辑损坏和物理损坏。

## 8.3.2　防火墙技术

防火墙技术是近年发展起来的重要网络安全技术，其主要作用是在网络入口处检查网络通信，根据客户设定的安全规则，在保护内部网络安全的前提下，保障内外网络通信。

在网络出口处安装防火墙后，内部网络与外部网络进行了有效的隔离，所有来自外部网络的访问请求都要通过防火墙的检查，内部网络的安全有了很大的提高。

防火墙可以完成以下具体任务。

① 通过源地址过滤，拒绝外部非法 IP 地址，有效地避免了外部网络上与业务无关的主机的越权访问。

② 防火墙可以只保留有用的服务，将其他不需要的服务关闭，这样做可以将系统受攻击的可能性降低到最小限度，使黑客无机可乘。

③ 同样，防火墙可以制订访问策略，只有被授权的外部主机可以访问内部网络的有限 IP 地址，保证外部网络只能访问内部网络中的必要资源，与业务无关的操作将被拒绝。

由于外部网络对内部网络的所有访问都要经过防火墙，所以，防火墙可以全面监视外部网络对内部网络的访问活动，并进行详细的记录，通过分析可以得出可疑的攻击行为。

其次，由于安装了防火墙后，网络的安全策略由防火墙集中管理，因此，黑客无法通过更改某一台主机的安全策略来达到控制其他资源访问权限的目的，而直接攻击防火墙几乎是不可能的。

最后，防火墙可以进行地址转换工作，使外部网络用户不能看到内部网络的结构，使黑客失去攻击目标。

一个完善的防火墙系统应具有三方面的特性。

① 所有在内部网络和外部网络之间传输的数据必须通过防火墙。

② 只有被授权的合法数据即防火墙系统中安全策略允许的数据可以通过防火墙。

③ 防火墙本身不受各种攻击的影响。

### 8.3.3 应用入侵检测技术

应用防火墙技术，经过细致的系统配置，通常能够在内外网之间提供安全的网络保护，降低网络的安全风险。但是，仅仅使用防火墙、网络安全还远远不够。因为：

① 入侵者可能寻找到防火墙背后敞开的后门。

② 入侵者可能就在防火墙内。

③ 由于受到性能的限制，防火墙通常不能提供实时的入侵检测能力。

入侵检测系统是近年出现的新型网络安全技术，目的是提供实时的入侵检测及采取相应的防护手段，如记录证据用于跟踪和恢复、断开网络连接等。实时入侵检测能力之所以重要，是因为它能够对付来自内外网络的攻击，其次是因为它能够缩短黑客入侵的时间。

## 8.4 本章小结

本章讨论了矿业生产管理系统中的系统安全设计。系统安全设计有别于业务流程管理系统设计。系统安全设计一方面要保证人机交互和系统交互的信息安全，也要预防和探测可能的网络攻击。研究设计的内容包括系统安全概要、网络安全风险分析和网络安全实施方案。系统安全概要包括网络结构和网络系统安全；网络安全风险分析包括内部办公网之间的安全隐患、内部局域网带来的安全威胁、电子邮件应用安全和网上浏览应用安全；网络安全实施方案包括数据备份技术、防火墙技术和应用入侵检测技术。这部分的相关理论和技术可以说是日新月异，特别是结合智能和数据技术的系统安全方案更是研究的热点。本章的目的是强调矿业生产管理系统中系统安全设计的重要性，但具体应用何种技术应以技术发展和环境而定。

# 第9章 系统实施

 ## 9.1 项目实施计划

本项目总工期为 5 个月，分阶段完成。

第一阶段，进行前期调研，写出"系统需求分析报告""应用软件方案"。

第二阶段，开发应用，写出"总体设计报告""详细设计报告"；网络环境调整完善。

第三阶段，应用软件模块编程；代码录入；系统软件安装，应用平台建立；各子系统设备购置。

第四阶段，应用软件安装、开工和新旧系统转换，联合调试；人员培训。

（1）总体计划表

一个切实可行的系统实施计划可以作为项目实施进度控制的依据，也可作为各项辅助工作开展的参考。一个好的系统实施计划对项目是否能够成功实施起着决定性的作用。总结分析我们在系统实施过程中经常遇到的计划变更频繁、部门之间、单位之间协调较困难甚至项目延期等现象来制订切实可行的实施计划。

制订的项目实施计划有两类：一是项目进度计划，二是业务改革计划。这两项计划通过项目实施组根据企业的具体情况讨论、修改后，由项目领导小组批准。计划实施如表 9-1 所示。

表 9-1　系统实施总体计划表

| 序号 | 项目实施内容 | 历经时间 | 说明 |
|---|---|---|---|
| 1 | 成立项目组织 | 三天 | 建立项目组织，召开项目实施动员大会 |
| 2 | 制订实施计划 | 一周 | 经过企业确认的实施计划 |
| 3 | 调研与咨询 | 三周 | 形成确认的报告（含需求分析） |
| 4 | 安装软件 | 三天 | 安装系统所需的软件 |
| 5 | 培训数据准备 | 一个月 | 分部门、分阶段交叉进行 |
| 6 | 数据准备 | 一周 | 分阶段、同步进行 |
| 7 | 系统开发 | 五个月 | |
| 8 | 原型测试 | 半个月 | 分模块、分业务（部门）同步测试，提出测试报告 |
| 9 | 用户化 | | 根据需求确定 |
| 10 | 模拟运行 | 一周 | 根据需求确定 |
| 11 | 并行运行 | 三个月 | |
| 12 | 正式运行 | | |

（2）调研与咨询

调研与咨询阶段对企业的业务管理需求进行全面调研，并根据企业的管理情况提出企业的管理改革方案。调研报告与咨询方案经实施组与领导小组讨论并通过。调研报告与咨询方案包括以下几部分。

• 企业管理现状描述。对企业的各种业务、各个部门的业务职责及业务关系进行准确描述，经过企业确认，从而确保对企业的业务充分熟悉及对管理的充分了解，达到知己知彼。

• 系统管理方式。描述了与本系统软件结合的管理方式。

• 业务实现与改革。根据对企业业务、管理的理解与信息系统相结合，说明企业的管理流程、业务的实现。同时根据系统的需要与企业的实际管理现状提出业务管理方案，即业务流程重组方案。

• 达到的效果。如管理数据与报表、直接效益与管理效益等。

（3）培训与业务改革

我们是按照管理信息系统的管理思想与理论实施系统，由于企业在推行 MIS 前，各个层次对 MIS 管理思想与理论的理解参差不齐或理解不深。培训的目的是客户要在系统实施过程中起到重要的作用，应对软件的管理思想、系统功能、各模块的作用及系统初始化的方法深入了解，为下一步系统初始化与模拟运行做准备。同时，对业务及相关改革有了更深的理解，可以对业务改革提出更为详细的执行计划，并且会有一些补充意见和建议。因此，业务改革从这里开始较为成熟。

（4）准备数据

数据准备是用来测试系统的，储备的数据具有规范性，数据分为三类：初始静态数据、业务输入数据、业务输出数据。

① 初始静态数据。

在对客户进行培训过程中，可以让用户开始进行静态基础数据的准备工作，在设定完系统参数后，可以让用户将基础数据准备完整，并且录入到系统中。在基础数据准备过程中，明确了以下几点：

- 让用户准备哪些基础数据；
- 按照什么格式和要求来准备基础数据；
- 哪个部门来准备哪方面的基础数据；
- 静态基础数据准备的检查。

② 业务输入数据。

业务数据初始化在系统整个初始化工作中是非常重要的作用，所占用的时间也比较多，初始化的结果对系统的运行起着至关重要的作用。在实际业务中，系统运行效果不理想、数据错误甚至返工往往同系统初始化有关。初始工作应由用户相关部门的人员来完成，我方实施人员负责指导、协助。

③ 业务输出数据。

在系统完成业务初始数据后，可以在系统中模拟企业实际业务进行处理。验证输出数据的正确性，发现问题，及时改正。

（5）并行运行

在相关工作（如系统安装、培训、测试）准备就绪后，进入系统的并行阶段。所谓并行是指 MIS 系统运行与现行的手工处理同步运行，保留原来的账目资料、业务处理与有关报表等。并行是为了保持企业业务工作的连续性和稳定性，同时是 MIS 系统的磨合期。并行运行的时间为三个月，并制订相应的并行计划。

（6）正式运行

正式运行即系统切换，是并行运行的后期，在并行运行业务进行了完整的处理后，认证了新的系统能够正确处理业务数据，并输出满意的结果，新的业务流程运作也已顺利进行，人员可以合乎系统操作要求，而决定停止手工作业方式、停止原系统运行，相关业务转入信息系统的处理。正式运行分系统模块、分步骤、分业务与分部门地逐步扩展。

## 9.2　项目人力资源

在安排开发活动时，我们考虑了人员的技术水平、专业、人数，以及在开发过程各阶段中对各种人员的需要。计划人员首先估算范围，并选择为完成开发工作所需要的技能，同时在组织和专业两方面做出安排。在整个软件设计过程中，按照图 9-1 曲线安排各种人员的参与。

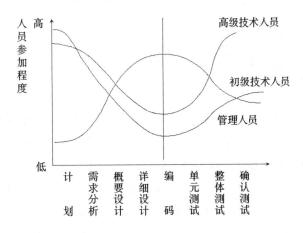

图 9-1　软件工程各个阶段、各类人员参与情况曲线图

## 9.3　本章小结

本章讨论了矿业生产管理系统中的系统实施。系统的实施应根据具体要求和实施环境而定。本章给出了项目实施计划和设计的人力资源情况。这是任何系统实施都需要考虑的内容。同样，不同时代和技术环境中具体的实现方法是不同的。必须结合软件开发平台和具体技术实施矿业生产管理系统。

# 第 10 章　软件测试与移交

 10.1　软件测试

大型软件系统的开发工作是由系统分析、系统设计、程序设计等人员共同完成的。因此，在软件生存周期的每个阶段，不可避免地会产生一些差错。尽管在工程的每个阶段结束之前都要求进行严格的技术审查，以便尽早地发现并纠正各种差错，但经验告诉人们，仅仅通过技术审查并不能发现所有的差错，而且在进行编码过程中，又不可避免地会引入新的差错。在软件投入生产性运行之前，如果没能发现并纠正软件中的这些差错，则这些差错迟早会在生产过程中暴露出来，到那时，不仅纠正这些错误的代价很高，而且会造成不可估量的后果。因此软件系统的测试工作是非常重要的，也是必需的。

（1）软件测试的目的

系统的测试工作是对软件功能说明设计和编写等各个阶段的技术复审，其目的是在软件投入运行之前，尽可能多地发现软件中隐蔽的错误，并进行认真的分析和纠正，最终把一个高质量的软件系统交给用户使用。在软件工程开发过程中，自始至终都必须把测试工作贯穿其中，并严格执行，软件测试是软件质量的保证。

（2）测试的基本方法

软件生存周期可分为三个时期：软件定义时期、软件开发时期、软件维护时期。

软件开发时期通常分为四个阶段：总体设计、详细设计、编码和软件测试。软件测试可分为 α 测试与 β 测试。α 测试又可划分为单元测试和综合测试。实际上，α 测试过程是自始至终贯穿于整个应用开发过程之中的。软件经过 α 测试以后，还未能很有把握地确认该软件系统没有任何缺陷或差错，我们认为，还应经历 β 测试阶段的验证，从应用系统交付之日开始，在系统投入生产的三个月内，通过实际的应用、运行，充分地暴露出所存在的问题，软件设计人员将统一给予诊断修正，经历此阶段，将使应用系统更加完善。

① 集成测试。它是根据所设计的软件结构，把经过单元测试检验的模块按照某种选定的策略装配起来，在装配过程中，对程序进行必要的测试。

② 验收测试。它是按照功能说明书的规定，在用户积极参与下，对目标系统进行验收，通过对软件测试进一步验证软件的有效性。

③ 测试组织与分工。测试工作必须在用户积极参与下进行，所以，测试小组是以用户骨干、管理人员和用户的系统维护人员为主，结合系统开发方的系统设计人员，组成系统测试组。测试组由进度计划表暂定的计划人数构成，我们认为，用户是测试方案的制订者，也可由双方共同组成的测试小组认真论证制订出最终的方案，开发方对用户进行现场培训和技术指导。

④ 测试数据。它可由用户方富有经验的业务人员来编制，应准备一套完整的数据，基本数据可采用真实数据为基础，加上部分人工调整，以能够充分满足数据的完整性为准则。

（3）测试评判指标

① 界面的友好性：使用人员是否习惯用户界面，信息提示是否完全、易懂。

② 系统的易操作性：系统是否容易学习，各种代码是否便于记忆。

③ 系统的安全性：分子系统及其专用数据库是否有安全保护措施。

④ 系统的容错性：能否自动检测各种错误数据的输入，并自我保护。

⑤ 处理的正确性：对正确的输入数据，经过处理能否得到正确的输出。

⑥ 数据的共享性：各子系统输入的数据是不是最原始的数据，有无重复性的输入工作，公用数据能否为分子系统所共用。

⑦ 系统的协调性：子系统的接口数据是否全面、正确，各子系统处理数据的时序性是否正确，有无保证措施，各子系统在同时工作时，整个系统是否协调。

⑧ 功能的完整性：系统功能是否完整。

⑨ 系统的响应时间：对每种处理过程响应时间能否满足要求，特别是对处理时间较长的，如对大表查询、复杂的处理过程、报表的生成、处理时间各

为多少。

这一评判方法应用到实际的软件工程开发中是行之有效的，并可以作为技术资料提供用户存档。

 ## 10.2 系统移交

交付地点：×××。

交付内容：可执行的程序、源代码、开发工具及各阶段文档。

 ## 10.3 本章小结

本章讨论了矿业生产管理系统中的软件测试与移交。软件系统测试是一项长期工作，也可以说是软件运行前甚至运行期间必须持续的工作。一方面，为了保证需求阶段的功能实现，考察是否完成了预定功能；另一方面，是为了测试系统在意外情况发生时是否能正常运行。前者相对较容易完成测试，而后者需要在使用过程中进行维护和调整。软件的测试与移交同样需要根据软件平台和程序特点，以及运行环境的需要进行考虑。这也是系统运行之前的最后一关，对系统的正常运行、体现系统价值至关重要。

# 第 11 章　智能化对矿业生产管理带来的变革

本章将讨论作者对智能化矿业生产系统的一些观点，即智能科学带来的矿业生产系统变革——智能矿业生产系统。智能化矿业生产系统是必须要面对的问题，其解决将使矿业生产焕然一新，达到前所未有的安全和高效。

## 11.1　矿业生产系统智能化现状

矿业生产一直以来是国民经济的支柱，特别是煤矿生产。但煤矿生产由于煤的特殊性质和覆存条件，使其安全生产面临较大问题。将矿业生产系统分解为人-机-环-管四个子系统，它们之间存在复杂的关系。井下作业过程中，要保证机械正常运转，保证环境适合机器和人的作业，要限定人的不安全行为，制定完备的管理体系等。矿业开采是为了获得更多资源用于国民经济生产，但伴随着开采附加的对人、机械和管理等一系列工作的成本是巨大的。即使在安全和可靠性方面投资巨大，也无法避免矿业生产过程中的故障和事故。因此，如何使传统矿业生产系统变得安全可靠，减少非生产性投资，提高经济效益，成为亟待解决的问题。

对矿业生产过程在系统层面的安全性研究有很多。庞兵等[91]基于改进的HFACS 和模糊理论研究了航空人因事故。兰保荣[92]基于 CREAM 研究了煤矿事故人因失误。涂思羽等[93]研究了恶性人因事故发生机理及其模型。兰建义[94]对煤矿人因失误事故进行了分析。对人-机-环-管系统的研究主要有谭钦文等[95]的复杂事件事故树"人-机-环"简易展开模型。张玉梅[96]的舰船人-机-环系统工程研究。梁伟等[97]基于 IVM-AHP 的人-机-环耦合系统应急救援脆弱性分析。梁振东[98]的人-机-环-管系统管理视角下的矿业员工不安全行为干预对策研究。姚有利[99]基于分岔理论的人-机-环煤矿安全系统的混沌调控。冯畅等[100]的人-机-环系统安全风险模型研究。卜昌森等[101]的人-机-环系统工程安全分析与评价研究。这些研究着重论述了人因系统故障和事故，也论述了人-机-环-管各子系统之间的相互关系，但并未考虑面向未来智能环境下的矿业生产过程。

结合对矿业生产系统安全和智能科学的已有研究[102-110]，提出智能矿业生产系统的思想。从人-机-环-管组成的矿业生产系统出发，研究他们在智能环境下的变化和关系；传统和智能矿业生产系统的区别；智能矿业生产系统的作用和目标。最终总结智能技术对传统矿业生产系统带来的巨大变革。

##  11.2　人-机-环-管子系统中的安全问题

生产生活安全问题是安全科学领域研究的主要问题。将煤矿井工开采作为一个系统，该系统包括人-机-环-管四个主要子系统，如图 11-1 所示。

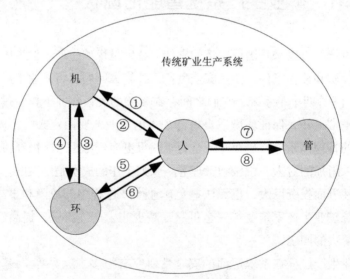

**图 11-1　传统矿业生产系统**

图 11-1 表示了传统矿业生产系统中人-机-环-管各部分之间的关系。将这些关系归纳为 8 类：①人作用于机械；②机械作用于人；③环境作用于机械；④机械作用于环境；⑤人作用于环境；⑥环境作用于人；⑦管理作用于人；⑧人作用于管理。

关系①，人作用于机械。在传统的矿业生产过程中，已经实现了高度机械化，矿业生产安全性得到显著提高。但与先进制造业等行业相比，矿业企业的机械现代化和信息化水平仍相对较低。井下机械缺乏人体工效学和人因故障预防等方面的考虑。机械安全标识、安全可靠性设计、操作界面及布局与人的注意力、反应时间等不匹配。这些设计缺陷往往难以避免，致使人在工作过程中产生失误或错误，进而导致生产事故，即人的不安全行为。

关系②，机械作用于人。煤矿井工开采一般可分为：采掘系统，负责煤炭的开采；运输系统，负责煤炭的外运；支护系统，负责支护开采后形成的巷道；通风系统，负责调解井下气流环境。采掘系统使用的掘进设备可能造成人员伤亡；井下运输系统只有在运输矿工时才与人发生直接关系，可能导致人的伤亡；支护系统是维持井工开采的重要系统，用以支护巷道和顶板，是围岩发生力学破坏后的唯一保护措施；通风系统用于新风输送、粉尘排放和井下降温，直接关系到井下人员的生命安全。因此，这些机械系统都需要考虑机械作用于人的问题。

关系③，环境作用于机械。井工开采过程中，井下环境对机械影响不大。井下的温度、湿度、有毒有害气体等，在机械设计时得到充分考虑。因此，井下环境对机械的影响较小。只有在大量瓦斯突出、透水、坍塌等情况下的环境才对机械造成严重影响。

关系④，机械作用于环境。井下煤矿开采和运输机械会对环境造成影响，主要是生产过程和运输过程中的粉尘、机械散热等。另一方面，由于机械难免使用油气，并在工作过程中产生火花和静电，因此，可能与瓦斯等气体作用导致灾害发生。通风系统也会根据实际情况调节空气的温度、粉尘含量、有毒有害气体含量等。这些都可导致环境改变。

关系⑤，人作用于环境。人对环境的影响是通过机械实现的。人影响环境的目的在于使环境满足人和机械的生产需要。在井工开采过程中，主要是保证井下氧气含量，控制空气温度、排除粉尘等主要作用。

关系⑥，环境作用于人。井下环境应保证人的正常作业和机械生产。影响人正常作业的环境因素较多，包括温度、湿度、空气质量、粉尘、能见度等。相比之下，环境对机械的影响小得多。因此，人对环境的控制主要保证人的正常活动，而不是机械。

关系⑦，管理作用于人。生产过程中的管理主要对象是人。在井下，人由于机械、环境等作用可能导致误操作和错误。这些误操作和错误并不是人的主观意愿，而是由于人的麻痹大意、对环境不了解、感官信息不明确造成的。因此，为了避免这些现象，制定了一系列对人的不安全行为的限制措施。这些限制措施主要是管理和操作流程。在其控制下，人的不安全行为得到了限制。减少和消除了由于人的不当行为产生的生产事故。因此，矿业生产过程中的管理主要针对人，而非机械和环境。

关系⑧，人作用于管理。人为了保持自身在生产过程中的安全，制定了管理措施限制自身的不安全行为。但由于人对客观系统认识水平的限制和限制手段的缺失，即使先期制定了完善的管理体系，也可能由于工作环境的多变导致管理手段失效。因此人制定的管理手段难以趋近完备，即使满足要求，也会由于人的执行力缺失导致管理缺失。

上述 8 种关系总结了矿业生产系统中人-机-环-管之间的关系。值得注意的是，管理与机械和环境之间并没有直接联系，而是通过人作用于机械和环境。所以从图 11-1 可知，传统矿业生产系统的核心是人，人控制机械完成生产目的；人为了保证机械和自身工作，对井下环境进行调节；人为了限定自身的不安全行为制定各种规章制度，形成管理体系。这些都是人作为发起者，为了实现矿业生产，建立的人-机-环-管生产系统。

矿业生产起步阶段由于科技水平较低，矿业生产难以同时满足产量与安全要求，进而产生矛盾。但随着各种现代科学技术的发展，特别是机械化水平、智能科学和信息科学的发展，矿业生产的技术性逐渐满足要求，同时生产目标也可完全得到满足。在这种情况下，如何保证矿业生产的安全就成为主要目标。

##  11.3 智能科学变革对传统矿业生产系统的影响

11.2 节论述了人-机-环-管系统之间的 8 种关系。那么，随着智能科学的发展和变革，对这 8 种关系必将造成革命性的影响。如下具体论述在智能科学技术环境中这 8 种关系的变化。

关系①，人作用于机械。当智能科学中的人工智能和大数据技术进一步发展，井下作业环境中直接需要人参与的工作几乎消失。这时人对机械的作用包括两部分：一是机械故障后的维修，可通过替换故障机械或使用维修机器人实现；二是人对井下生产机械的远程控制，以协助具有一定自主能力的开采机械完成复杂开采任务。那么，在这种情况下，就人作用于机械而言，人将从矿业生产的人-机-环-管系统中分离出来。这将从本质上保证生产过程中人的安全。也避免了由于人的不安全行为造成的机械故障和事故。

关系②，机械作用于人。井下生产系统主要包括采掘系统、运输系统、支护系统和通风系统。当人不在整个生产系统之中时，采掘系统、运输系统、支护系统和通风系统将发生巨大改变。不考虑人的因素，巷道断面尺寸可只考虑运输系统；缩小的断面可使用更为有效的支护系统；通风系统将不考虑生产作业人员的生理需要，只需保证机械生产需要。因此，运输系统和支护系统将有较大改变，其可靠性和安全性可以降低，而不影响生产。通风系统也会由于不考虑人的因素，变为只满足机械生产环境的通风系统。这些系统在不考虑人时，相应的安全装置、传感器和可靠性要求都可以降低。并完全取消由于考虑人因而设置的各种装置。这将提高生产效率，同时降低成本。

关系③，环境作用于机械。在智能技术融入机械系统后，机械系统会根据环境的变化调整生产活动。会自动调动传感系统和通风系统，保证机械工作环境。因此，在不考虑人的情况下，即可自主调整环境。虽然环境仍然影响开采机械，但只需保证机械生产，而非满足人生理要求。

关系④，机械作用于环境。同上所述，智能机械与智能传感和通风系统互联，机械可根据自身需要调整环境，而不考虑人的工作要求。这将更为高效、快捷、安全地进行矿业生产活动。

关系⑤，人作用于环境。传统矿业生产中，人作用于环境是通过机械实现的，例如通风。但对智能生产系统，人不在生产系统中，而环境的调节是智能机械的自发行为。一般不需要人的干预，除非紧急故障状态。

关系⑥，环境作用于人。同上所述，人不在生产系统之中，因此，环境作用于人的关系消失。

关系⑦，管理作用于人。管理的主要对象是人，且大部分管理规程用于井下操作人员的行为规范。那么，在智能化之后，人不在生产系统之中，这类管理将消失。管理将作用于生产异常状态下的需要人干预的修复和判断过程。这些过程也可由智能辅助修复和决策系统进行。那么，这将从本质上减少人的伤亡，也减少了人的不安全行为和失误。

关系⑧，人作用于管理。同上所述，人在制定管理过程时，将不用考虑人在井下的作业情况。这将大大简化管理制度和流程制定过程。

综合上述，智能矿业生产系统结构如图 11-2 所示。

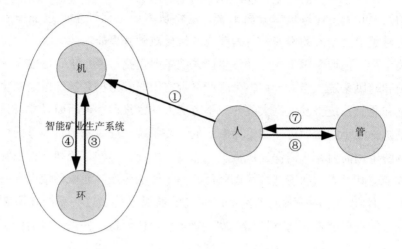

图 11-2　智能矿业生产系统

对比传统矿业生产系统，智能矿业生产系统的最大变化在于人从生产系统中分离出来。进而与人相关的管理系统也从生产系统中分离。这时机械和环境对人的作用关系消失。其余关系得到了极大优化；同时，保证了更为高效和安全的生产过程。

# 11.4　智能与生产系统安全

目前及今后的发展趋势必将以保证人的安全为首要任务。在矿业工程中的智能就是使开采系统、运输系统、支护系统和通风系统互联，通过大数据的处理完成系统自适应决策和动作。与传统矿业生产的最大区别在于人的作用和位置。人不再是生产的指挥者和维护者，而变为辅助智能决策的一部分。只有在智能矿业生产系统遇到突发事件、决策困难时，才需要人的参与。

从本质上，人退出生产系统，使生产系统结构得到简化，系统内各部分之间的联系和作用减少。这将有效地提高系统整体可靠性和安全性。智能矿业生产系统中，采掘系统、运输系统、支护系统和通风系统将不同程度地得到简化。但这种简化会使生产效率和可靠性提高。

传统采掘系统需要操作人员现场作业和控制，这样巷道的尺寸、支护系统的尺寸和强度都要满足人的交通和安全。通风系统也要满足人的生理要求。如果人不在生产系统中，而使用智能生产系统，那么这些由于人的存在而与生产没有直接关系的辅助系统便可省去，从经济上节省大量开支。简化后的采掘系统、运输系统、支护系统和通风系统由于结构简化和组成减少，可靠性和安全性必将提高。这使生产系统出现故障和事故的概率减小，从而提高经济效益。

　　综上，智能矿业生产系统将人从生产系统中分离，降低了系统管理成本，保障了人的安全。更为重要的是，由于人与生产系统分离，使采掘系统、运输系统、支护系统和通风系统得到化简。这样生产系统将真正只关注于生产，而不是在生产的同时保障人的安全。最终智能矿业生产系统将保障人的安全，减少人力投入；化简采掘系统、运输系统、支护系统和通风系统，减少经济投入；提高系统整体可靠性和抗灾变能力，提高生产效率和经济效益；减少管理成本和制定难度。因此，智能矿业生产系统是未来矿业生产的必然发展方向。

## 11.5　本章小结

　　从智能科学角度研究了矿业生产系统的发展方向，主要结论如下：① 分析了传统矿业生产系统中人-机-环-管四个子系统之间的关系。总结了这四个子系统之间的 8 种作用关系。② 分析了智能矿业生产系统。与传统矿业生产系统的区别在于人与生产系统分离，管理系统也从生产系统中分离。机械和环境对人的作用关系消失，其余关系得到极大优化。保证了更为高效的生产和更为安全的生产过程。③ 给出了智能矿业生产系统将达到的目标和作用。保障人的安全，减少人力投入；化简采掘系统、运输系统、支护系统和通风系统，减少经济投入；提高系统整体可靠性和抗灾变能力，提高生产效率和经济效益；减少管理成本和制定难度。

# 第 12 章 结论与展望

## 12.1 研究结论

　　研究的主要成果是矿业生产管理系统的设计思想、方法和方案。

　　第1章论述了矿业生产管理系统的研究目的、系统设计原则和设计思想。为了展示矿业生产管理系统的全貌和各部分已进行的研究和成果，对矿业生产管理系统发展现状和趋势进行了综述。包括调度管理系统、物资供应管理系统、销售管理系统、生产统计管理系统、设备管理系统、安全管理系统和智能矿业生产管理系统。它们各具特点，是矿业生产活动中不可缺少的组成部分。也概述了矿业生产管理系统必将朝着智能化方向发展的趋势。

　　第2章介绍了开发平台和系统总体设计。开发平台包括设计语言、数据库、前台设计及硬件设备等。由于计算机和软件技术的迅猛发展，造成了技术的快速迭代，上一代技术刚在各领域应用不久下，一代技术便接踵而至。因此，研究中这部分并没有使用最新的开发技术，一是由于即使开发技术不同，但矿业生产管理的各流程基本相同，只是实现平台不同；二是新技术的稳定性和缺乏相关学习材料并不适合快速掌握和普及。幸运的是，系统设计的思想和理念更新较慢且相对稳定。

　　第3章给出了调度管理子系统的系统设计过程，主要包括需求分析、概要设计和详细设计。对于矿业生产系统而言，其调度系统是实现矿业系统正常生产的根本保障。必须明确系统目标和功能，建立数据流程图及功能分析。确定代码设计、功能模块设计、输出输入设计和数据库设计。

　　第4章给出了物资供应管理系统的设计过程，主要包括现有物资供应情况、系统调研、系统分析、系统设计等方面。物资供应管理系统的目标是以最低的成本、最优的服务为企业提供物资和服务。物资供应是保障矿业生产活动的基础,充足而又及时的物资供应是核心任务。但这部分一般的矿业企业已具备一定基础,需要对现有物资供应系统进行前期分析,进行有的放矢的开发。其他系统也有类似情况。

第 5 章给出了销售管理系统设计过程,主要包括需求分析、概要设计、详细设计等。销售是矿业生产的最终目的,而销售管理系统是搭建在矿企和客户之间的重要桥梁。适合的销售系统往往能使矿企获得更大利润。因此,营销系统更要关注客户与企业之间的关系。

第 6 章给出了生产统计管理系统设计过程,包括生产统计概述、系统调研、系统分析和系统设计。生产统计管理系统一方面负责生产过程的管理工作;另一方面,统计生产过程的结果是保障矿业生产的核心系统。系统设计时,要关注各生产业务流程之间的关系,实现分析各流程对生产进度的影响。

第 7 章给出了设备管理系统的设计过程,包括设备管理概述、系统分析、系统设计、软件开发等。设备管理是实现生产的重要保障。其目的是使矿业生产中各种设备的利用率达到最优状态,从而发挥设备的最大价值。设备管理涉及更为底层的,与设备相关的接口开发和信息传输。应注意设备状态的及时性和状态预估,以使设备效用最大化。

第 8 章给出了系统安全设计过程,这里的安全设计并不是生产过程的安全管理。因为矿业生产过程的安全管理是一项重大而系统的工程,完全可以独立地建立管理系统。这里由于关注生产业务流程,因此不涉及生产安全管理。这里的系统安全管理是系统本身的硬件和软件在意外或者是恶意攻击下的安全。主要包括系统安全概要、网络安全风险分析和网络安全措施方案。

第 9,10 两章分别介绍了系统实施、软件测试和移交的内容。这部分是软件工程必然涉及的内容,但与矿业生产管理业务流程没有直接关系。

第 11 章介绍了矿业生产管理系统面对智能化的挑战可能带来的变革。智能化将完全改变现有的矿业生产系统管理模式。重新构建人-机-环-管的系统结构,从而保障矿业生产的高效和安全。

矿业生产管理系统的核心是围绕矿业生产的业务流程。不同的业务流程看似独立,实则相互关联。如何梳理多个业务流程之间的关系,成为是否能成功设计矿业生产管理系统的关键。

##  12.2 研究展望

矿业生产管理系统必将朝着智能化、信息化、系统化、数据化等方向发展。其发展可从两个层面诠释：一是业务层面；二是技术层面。

业务层面完全与矿业生产相关，解决的是如何实现生产管理的问题，随着矿业生产业务流程的变化而变化，变化相对缓慢。除非出现新的生产方式和理念，新的突破性技术和方法，或重大改革举措，一般情况不易改变。这对于矿业生产系统的研究是有力的。

技术层面基本上与矿业生产业务流程无关，解决的是如何实现管理系统的问题，随着相应的硬件和软件技术的发展而变化。其更新速度极快，这在保障矿业生产管理系统的技术先进性的同时，也造成了对其学习和掌握的挑战。

智能化将完全从业务层面和技术层面改变矿业生产管理系统。智能矿业生产系统将人从生产系统中分离，降低了系统管理成本，保障了人的安全。更为重要的是，由于人与生产系统分离，使采掘系统、运输系统、支护系统和通风系统得到化简。这样，生产系统将真正地只关注于生产，而不是在生产的同时保障人的安全。最终智能矿业生产系统将保障人的安全，减少人力投入；化简采掘系统、运输系统、支护系统和通风系统，减少经济投入；提高系统整体可靠性和抗灾变能力，提高生产效率和经济效益；减少管理成本和制定难度。因此，智能矿业生产系统是未来矿业生产的必然发展方向。

# 参考文献

［1］ 万鹏鹏,位哲,何帅,等.GPS 生产调度系统在国外某红土镍矿的应用［J］. 露天采矿技术,2019,34(5):38-40.

［2］ 张博,宋来臣.乌拉根锌矿卡车调度系统应用研究［J］.现代矿业,2019,35 (5):28-31.

［3］ 冯如只,房颖.基于改进粒子群算法的矿车调度系统设计［J］.煤炭技术, 2018,37(8):226-228.

［4］ 周永生.屯兰矿调度系统接入终端设计［J］.机械管理开发,2018,33(5): 124-125.

［5］ 黄倩.无轨胶轮车定位调度系统在兖矿集团的应用［J］.煤矿现代化,2016 (4):65-67.

［6］ 陆志宇.露天矿 GPS 智能调度系统在刚果(金)SICOMINES 铜钴矿的应用 ［J］.矿业工程,2016,14(4):54-56.

［7］ 洪振川,王广成,卜维平,等.基于智能终端矿车调度系统在高村铁矿的应 用［J］.现代矿业,2016,32(5):237-238.

［8］ 边丽娟,王秀秀,孙占研.卡车调度系统在鹿鸣钼矿的应用［J］.中国矿山工 程,2015,44(5):21-22.

［9］ 岳亚超.大屏幕系统在邯矿集团生产调度系统中的设计应用［J］.煤炭与化 工,2015,38(4):153-155.

［10］ 王晓静.兖矿煤炭运输调度系统设计与实现［D］.成都:电子科技大学, 2015.

［11］ 陈新旺,王广成.GPS 矿车自动调度系统在高村采场的研究及应用［J］.现

代矿业,2012,27(11):106-107.

[12] 韩路朋.大型露天矿山 GPS 矿车自动化调度系统与生产管理对策[J].中国高新技术企业,2012(18):140-142.

[13] 刘谦明.大型矿企采购组织构建与职能配置[J].中国有色金属,2019(16):70-71.

[14] 葛青.计算机通信技术在煤业集团物资供应中的应用[J].技术与市场,2019,26(7):84-85.

[15] 胡勇星.市场化绩效考核精益模式初探:基于兖矿集团物资供应中心的研究[J].时代经贸,2018(26):72-74.

[16] 崔宁.矿建企业物资采购规范化流程管理探究[J].河北企业,2017(1):26-27.

[17] 郑忆.HT 公司锰矿石采购管理优化研究[D].昆明:云南财经大学,2015.

[18] 陈桐.阜矿白音华能源有限公司库存管理优化研究[D].阜新:辽宁工程技术大学,2015.

[19] 要锋.金庄矿仓储库存管理研究[D].西安:西北大学,2014.

[20] 赵维熙.基于 SCOR 模型的锡矿集团煤炭供应链绩效管理研究[D].阜新:辽宁工程技术大学,2014.

[21] 张恒.淄矿物资供应超市的设计与实现[D].西安:西安科技大学,2013.

[22] 莫少华.安徽山河矿装供应商开发管理体系研究[D].哈尔滨:哈尔滨理工大学,2012.

[23] 刘永刚.兖矿煤化公司物料管理系统的设计与实现[D].成都:电子科技大学,2012.

[24] 崔曼.兖矿物流综合信息系统的研究与实现[D].西安:西安科技大学,2011.

[25] 张忠.平煤股份五矿提升信息化管理水平方略[J].煤炭经济研究,2010,30(4):54-55.

[26] 孙运海.临矿集团煤炭运销管理系统的设计与实现[D].济南:山东大学,2016.

[27] 刘芳.龙矿煤炭销售远程计量系统设计与实现[D].大连:大连理工大学,2014.

[28] 白林虎.兖矿集团煤化公司 ERP 统一供销系统的设计与实现[D].成都:电子科技大学,2014.

[29] 刘亚静,马赛,李辉.基于 WebGIS 的矿用对象采销信息管理系统的设计与实现[J].煤炭工程,2014,46(7):137-139.

[30] 马楠.山东兖矿集团客户关系管理系统的开发[D].成都:电子科技大学,2014.

[31] 庄磊.兖矿集团煤化公司 WEB 销售管理系统的设计与实现[D].成都:电子科技大学,2014.

[32] 王纪波.兖矿集团煤炭运销管理系统设计与实现[D].成都:电子科技大学,2013.

[33] 邵建峰,姚绍武,吴斌,等.碎石矿基于"五量三率"的产销量监督系统设计与应用[J].现代矿业,2010,26(1):48-51.

[34] 朱冉冉.兖矿大陆公司 ERP 系统销售子系统软件设计[D].成都:电子科技大学,2009.

[35] 胡勇军.采油矿生产管理系统设计与优化[D].青岛:中国石油大学(华东),2015.

[36] 尹宝昌.地下矿主要生产系统智能控制的体系创建研究[D].西安:西安建筑科技大学,2015.

[37] 姚奇,张云亮.浙江某叶蜡石矿生产系统设计与优化[J].采矿技术,2014,14(4):19-21.

[38] 李红军.生产运行系统信息平台在采油一矿的应用[J].中国石油和化工标准与质量,2014,34(6):198.

[39] 胡平,许金萍.生产调度一体化监控平台在姑山矿的应用[J].现代矿业,2014,30(2):123-124.

[40] 郭德瑞.矿级生产信息管理综合平台应用研究[D].大庆:东北石油大学,2013.

[41] 谭笪.九里山矿选煤厂生产系统的技术改造[J].煤质技术,2013(2):55-56.

[42] 程建光.兖矿国泰化工有限公司生产管理系统设计与实现[D].成都:电子科技大学,2011.

[43] 吴晓茹.基于 DTM 的东沟钼矿地测生产管理系统研究[D].西安:西安建筑科技大学,2011.

[44] 申燕波.KD 矿用 IC 卡设备运行控制管理系统研究[J].煤矿现代化,2019(4):128-130.

［45］　尤爱文.首矿精细特种设备安全管理系统［J］.工业计量,2018,28(2):79.

［46］　焦瑞,吴爱民.矿用刮板输送设备健康管理系统研究［J］.现代信息科技,2017,1(5):37-39.

［47］　鹿兵.兖矿轻合金有限公司设备管理系统设计与实现［D］.济南:山东大学,2017.

［48］　尚晓鹏.漳村矿机电设备管理系统应用［J］.机械管理开发,2016,31(6):136-137.

［49］　王庆营.兖矿东华公司设备管理系统的设计与实现［D］.成都:电子科技大学,2015.

［50］　桂波.兖矿南屯电力公司设备管理系统的设计与实现［D］.成都:电子科技大学,2014.

［51］　王红星.兖矿国泰设备管理系统的设计与实现［D］.成都:电子科技大学,2014.

［52］　刘勇,江成玉.基于 SuperMap 的煤矿矿用设备管理信息系统的设计方案［J］.矿山机械,2010,38(18):64-67.

［53］　赵淑芳,陈立潮.基于 WEB 的煤矿矿用设备智能管理系统［J］.机械管理开发,2010,25(3):109-110.

［54］　任传成.矿用设备检测管理信息系统的设计与实现［J］.工矿自动化,2009,35(6):84-87.

［55］　柴艳莉,黄兴.矿用设备管理信息系统的应用研究［J］.金属矿山,2009(1):104-105.

［56］　杨建军,陈翔.安全生产信息化管理系统在鲁班山北矿的运用［J］.内蒙古煤炭经济,2019(2):86-88.

［57］　郑伯庆.浅谈矿用架空乘人系统安全技术管理［J］.煤,2018,27(3):83-84.

［58］　李学华,王宏伟.基于模糊层次分析法的正利矿安全管理系统评价［J］.煤矿机械,2017,38(7):176-177.

［59］　韩广斌.矿用人员定位安全管理系统的应用［J］.科技与创新,2016(9):62-63.

［60］　金香.铝矿安全标准化管理信息系统研究与开发［J］.科技创新与应用,2015(6):21.

［61］　罗克,杜志刚,包建军,等.矿用移动安全管理系统设计［J］.工矿自动化,2015,41(2):6-9.

［62］李珂.贵州省水矿集团煤炭安全信息管理系统的设计与实现［D］.成都：电子科技大学,2014.

［63］李宗磊.龙矿集团安全生产管理信息系统的设计与实现［D］.大连：大连理工大学,2014.

［64］曾勇,段君肖.旗山矿安全隐患市场化信息管理系统开发应用［J］.能源技术与管理,2014,39(2):154-155.

［65］邹甲,涂浩,黄飞.基于RFID的矿用安全标志管理系统的设计［J］.煤炭工程,2013,45(7):131-133.

［66］王永胜.安全管理系统在中平能化集团八矿的应用［J］.煤炭经济研究,2011,31(12):97-99.

［67］贾珂伟,赵国清.浅析梧桐庄矿"数字化矿山"发展战略：梧桐庄矿本质安全型调度指挥管理系统实践［J］.煤炭经济研究,2011,31(7):101-104.

［68］李卯玄.浅谈杜儿坪矿"八大系统"安全管理的运用［J］.科技情报开发与经济,2011,21(10):214-216.

［69］聂伟雄.矿用智能安全监控充电架矿灯管理系统分析［J］.电子科技,2010,23(11):25-27.

［70］赵艳艳.孝义铝矿安全标准化管理信息系统研究与开发［D］.长沙：中南大学,2010.

［71］高庆芳.东庞矿网络安全管理系统［J］.河北煤炭,2010(5):67-68.

［72］宋继祥,王成军.基于数据融合智能判别的矿压风险预警和防控系统平台的开发［J］.菏泽学院学报,2020,42(5):41-46.

［73］顼熙亮.基于机器视觉的矿用皮带运输机故障智能检测系统［J］.煤矿现代化,2020(5):212-215.

［74］廖永游.智能驱控系统在矿用带式输送机中的应用研究［J］.山东煤炭科技,2020(7):129-131.

［75］张腾.冲击矿压危险智能判识系统设计［D］.徐州：中国矿业大学,2020.

［76］王云飞.基于通风需求的矿用水仓智能安全管控系统的研发［J］.机械管理开发,2020,35(5):203-205.

［77］郭岩.矿用智能喷雾站自动化控制系统的设计研究［J］.机械管理开发,2019,34(12):216-218.

［78］庞亮.马兰矿选煤厂典型设备在线远程智能预测性维护系统的应用［J］.煤炭加工与综合利用,2019(12):19-22.

[79]　郭波.矿用局部通风机三级智能联控系统在高瓦斯矿井的应用[J].煤炭工程,2019,51(8):74-77.

[80]　雷洪波,赵吉玉.打通一矿通风系统隐患排查与智能监控研究[J].煤炭技术,2019,38(8):106-109.

[81]　张树丰,李博伦,赵晓涛.智能决策支持系统在赵庄矿通风系统优化中的应用[J].现代矿业,2018,34(8):118-122.

[82]　吴畏,唐丽均,田国正.矿用井下智能交通控制系统设计[J].煤炭工程,2018,50(7):10-13.

[83]　郭荣祥,武超.矿车 GPS 智能调度系统在矿山的应用[J].住宅与房地产,2018(19):233.

[84]　丁禹钧.矿用有轨车辆智能辅助驾驶系统设计与实现[D].西安:西安电子科技大学,2018.

[85]　杨希.基于失控保护的矿用车辆速度保护智能系统[J].煤矿安全,2018,49(1):129-132.

[86]　魏峰,赵云龙.矿用智能物资发放系统研究[J].工矿自动化,2017,43(8):15-19.

[87]　吴畏,唐丽均,蒋德才.一种矿用智能精确人员定位系统设计[J].工矿自动化,2017,43(5):72-75.

[88]　张光腾.矿用智能供电监测与故障预警系统的设计与研究[D].济南:齐鲁工业大学,2016.

[89]　陈彦亭,巩瑞杰,南世卿,等.露天矿智能配矿系统研发与应用[J].现代矿业,2016,32(4):206-210.

[90]　胡云,乔国通.矿用电机智能监测保护系统设计[J].煤矿机械,2015,36(4):32-34.

[91]　庞兵,于雯宇.基于改进的 HFACS 和模糊理论的航空事故人因分析[J].安全与环境学报,2018,18(5):1886-1890.

[92]　兰保荣.基于 CREAM 的煤矿事故人因失误分析[J].能源与环保,2018,40(8):86-88.

[93]　涂思羽,贾明涛,吴超,等.恶性人因事故发生机理及其模型研究[J].中国安全生产科学技术,2018,14(5):180-187.

[94]　兰建义.煤矿人因失误事故分析的关键影响因素危险识别研究[D].焦作:河南理工大学,2015.

［95］ 谭钦文,董勇,段正肖,等.复杂事件事故树"人-机-环"简易展开模型及应用［J］.工业安全与环保,2018,44(5):57-60.

［96］ 张玉梅.舰船人-机-环系统工程研究综述［J］.中国舰船研究,2017,12(2):41-48.

［97］ 梁伟,李威君,张来斌,等.基于 IVM-AHP 的人-机-环耦合系统应急救援脆弱性分析［J］.安全与环境工程,2015,22(2):84-87.

［98］ 梁振东.人-机-环-管系统管理视角下的矿业员工不安全行为干预对策研究［J］.中国矿业,2014,23(4):20-24.

［99］ 姚有利.基于分岔理论的人-机-环煤矿安全系统的混沌调控［J］.中国安全科学学报,2010,20(3):97-101.

［100］ 冯畅,赵诺,赵廷弟.人-机-环系统安全风险模型研究［J］.新技术新工艺,2009(6):15-20.

［101］ 卜昌森,程卫民,周刚,等.人-机-环境系统工程安全分析与评价研究［J］.工业安全与环保,2009,35(2):44-46.

［102］ 崔铁军,马云东.多维空间故障树构建及应用研究［J］.中国安全科学学报,2013,23(4):32-37.

［103］ CUI T J,LI S S.Deep learning of system reliability under multi-factor influence based on space fault tree［J］.［2020-11-01］.https://doi.org/10. 1007/s00521-018-3416-2.

［104］ CUI T J,LI S S.Study on the construction and application of discrete space fault tree modified by fuzzy structured element［J］.［2020-11-01］.https://doi.org/10. 1007/s10586-018-2342-5.

［105］ 崔铁军,汪培庄,马云东.01SFT 中的系统因素结构反分析方法研究［J］.系统工程理论与实践,2016,36(8):2152-2160.

［106］ CUI T J,LI S S.Study on the relationship between system reliability and influencing factors under big data and multi-factors ［J］.［2020-11-01］.https://doi.org/10. 1007/s10586-017-1278-5.

［107］ CUI T J,LIU J.Study on the construction and application of cloudization space fault tree［J］.［2020-11-01］.https://doi.org/10. 1007/s10586-017-1398-y.

［108］ CUI T J,WANG P Z,LI S S.The function structure analysis theory based on the factor space and space fault tree［J］.Cluster computing,2017,20(2):

1387-1398.

［109］ 崔铁军,李莎莎,朱宝艳.空间故障网络及其与空间故障树的转换［J］.计算机应用研究,2019(8):1-5.

［110］ 崔铁军,李莎莎,朱宝艳.含有单向环的多向环网络结构及其故障概率计算［J］.中国安全科学学报,2018,28(7):19-24.